FRAGMENTS D'ÉTUDES

SUR L'ANCIENNE

AGRICULTURE ROMAINE

(EXTRAITS DES AUTEURS LATINS)

PAR

J.-ISIDORE PIERRE

Membre correspondant de l'Institut (section d'Économie rurale)
Secrétaire de la Société d'agriculture et de commerce
Et de la Chambre consultative d'agriculture de Caen, etc.

*Ager pessime muletatur, cujus dominus quid
in eo faciendum sit non docet, sed audit villicum.*
CATO, de Re rustica.

*Un domaine est très-mal exploité quand le maître,
au lieu d'apprendre à son chef de culture ce qu'il
convient d'y faire, est obligé de le lui demander.*

CAEN

IMPRIMERIE E. POISSON
18, rue Froide, 18

1864

FRAGMENTS D'ETUDES

SUR

L'ANCIENNE AGRICULTURE ROMAINE

FRAGMENTS D'ÉTUDES

SUR L'ANCIENNE

AGRICULTURE ROMAINE

(EXTRAITS DES AUTEURS LATINS)

PAR

J.-ISIDORE PIERRE

Membre correspondant de l'Institut (section d'Économie rurale)
Secrétaire de la Société d'agriculture et de commerce
Et de la Chambre consultative d'agriculture de Caen, etc.

Ager pessime mulctatur, cujus dominus quid in eo faciendum sit non docet, sed audit villicum.

CATO, de Re rustica.

Un domaine est très-mal exploité quand le maître, au lieu d'apprendre à son chef de culture ce qu'il convient d'y faire, est obligé de le lui demander.

CAEN

IMPRIMERIE E. POISSON

18, rue Froide, 18

1864

La première partie de ces fragments avait
paru en 1850, dans les *Annales agronomiques;*
elle avait été reproduite, en 1860, dans le *Bul-
letin de la Société d'agriculture et de commerce
de Caen.*

La seconde a paru dans le même recueil en
1862, et le reste en 1863.

Quelques amis ont pensé que la réunion des
fragments épars dans trois volumes distincts
d'un recueil dont la publicité est nécessaire-
ment restreinte, pouvait offrir quelque intérêt
au point de vue de l'histoire agronomique ;
c'est ce qui m'a décidé à reproduire ensemble
ces fragments, dont le principal mérite doit
être reporté aux agronomes latins eux-mêmes,
dont je ne suis ici qu'un compilateur fort in-
complet.

La forme que j'ai adoptée, celle des citations
textuelles, n'est peut-être pas la plus attrayante,

elle expose à des fréquentes redites, mais elle a l'avantage d'être plus exacte et plus fidèle, et le titre que j'ai cru devoir donner à cette publication montre assez qu'en l'offrant au public je n'avais aucune prétention littéraire.

J'ai cependant cru devoir recourir aux meilleurs textes, et dans la traduction que j'en ai donnée, j'ai constamment cherché à représenter aussi fidèlement que possible la pensée des auteurs. Je me suis proposé, surtout, d'inspirer à mes lecteurs le désir de remonter aux sources originales.

Caen, 1er mai 1864.

FRAGMENTS D'ÉTUDES

SUR L'ANCIENNE

AGRICULTURE ROMAINE

« S'il existait pour l'agriculture, dit Liebig (*Lettres sur l'agriculture moderne*), une histoire du développement du genre humain, ou si les hommes qui l'enseignent voulaient se renseigner là-dessus, le cultivateur saurait que, il y a 2000 ans déjà, les hommes les plus éclairés et les plus distingués de l'ancienne Rome voyaient la marche de l'agriculture entravée à cette époque par toutes les difficultés qui la menacent encore aujourd'hui ; que le même système de culture intensive que nos agronomes modernes considèrent et recommandent comme le meilleur, était déjà mis en pratique sans pouvoir néanmoins guérir le mal.

« Les écrits de Columelle, de Caton, de Virgile, de Varon et de Pline pourraient déjà faire ouvrir les yeux à bien des cultivateurs praticiens ; ils renferment bien des choses plus remarquables que tout ce que nos professeurs modernes peuvent enseigner aujourd'hui.

« Quand on lit les douze livres de Columelle et qu'on les compare à nos manuels modernes d'agriculture pratique, on éprouve vraiment la même sensation que si l'on se trouvait transporté d'un désert aride dans un beau jardin, tellement tout y est frais et gracieux. »

J'avais déjà rassemblé les éléments du travail qu'on va lire, lorsque ces réflexions de l'illustre chimiste allemand me sont parvenues fortuitement, comme un encouragement inattendu, et les fragments que nous donnons ici n'ont d'autre but que de justifier les appréciations du savant professeur de Munich, et de provoquer à la lecture de ces auteurs agronomiques anciens qu'on a généralement beaucoup trop perdus de vue depuis le commencement du siècle.

En effet, lorsqu'on parcourt sans prévention quelques-uns des principaux ouvrages agronomiques anciens qui sont parvenus jusqu'à nous, on est vivement frappé de l'état de perfection auquel étaient arrivées certaines branches de l'art agricole, à des époques déjà bien éloignées de nous.

Il a dû résulter de cet état de perfection et de l'état de décadence et de barbarie qui a succédé, que beaucoup de bonnes méthodes, que bon nombre d'excellentes pratiques, suivies négligemment d'abord, imparfaitement, puis enfin tout à fait abandonnées ou perdues, ont pu se reproduire, avec ou sans modifications, lorsque, dans des temps meilleurs, on a peu à peu fait retour aux bons principes.

Aussi est-il arrivé plusieurs fois, dans le monde agronomique moderne, que l'on a été conduit à donner comme nouvelles, comme des découvertes contemporaines, des méthodes, des pratiques ayant déjà fait la fortune scientifique ou pécuniaire d'agronomes qui nous ont précédés de hix-huit ou vingt siècles.

J'ai pensé qu'il pourrait y avoir aujourd'hui un certain intérêt à rechercher, dans les fragments qui nous restent des écrits des habiles agronomes romains de l'antiquité, ce qui peut se rapporter à quelques-unes de nos principales pratiques agricoles.

Cette étude, entreprise d'abord par des motifs de satisfaction et de curiosité personnelles, me paraissait avoir un triple but :

1° L'intérêt historique qui se rattache à ces questions considérées en elles-mêmes.

2° Il était permis de penser que certaines pratiques reconnues bonnes, mais peu répandues aujourd'hui chez le commun des cultivateurs, seraient plus facilement acceptées, adoptées par eux, s'il était possible de leur montrer que ces pratiques ne sont pas des innovations inconnues, hasardées, des conceptions purement théoriques, mais qu'elles sont le fruit d'une longue expérience, qu'elles ont obtenu l'assentiment motivé des agronomes les plus distingués d'un pays qui, plus que tout autre, et mieux que tout autre peut-être, a honoré, pratiqué, perfectionné l'agriculture.

3° Enfin, cette étude avait encore pour objet de restituer aux anciens ce qu'on leur emprunte chaque jour, loyalement quelquefois, mais souvent aussi comme en cachette et sans indiquer les sources où l'on a puisé.

Je me proposais, en un mot, de montrer que, dans ce siècle de progrès et de lumière, mais aussi d'égoïsme et d'ingratitude, de résistance à toute espèce d'autorité, même à l'autorité paternelle, nous devrions être parfois un peu moins fiers de nous-mêmes, un peu plus justes, un peu plus révérencieux envers nos maîtres des temps passés ; car nous verrions plus d'une fois, si nous voulions bien nous donner la peine de les consulter, qu'après deux mille ans ils pourraient encore, sur plus d'un point, nous donner d'utiles conseils et d'excellentes leçons.

Du reste, pour être juste envers tout le monde, nous devons ajouter que ce n'est pas d'aujourd'hui que l'on a la prétention de se croire meilleur que ses pères, de penser que leur science est d'une autre époque ; c'est un travers qui paraît dater de loin dans l'histoire de notre humanité, même en matière d'agriculture, puisque Columelle se croyait déjà obligé de dire :

« Quelles que soient les différences entre les temps anciens et l'époque actuelle par rapport aux préceptes d'agriculture et à leur application,

cette considération ne doit pas éloigner de leur étude celui qui veut s'instruire ; car nous trouverons chez les anciens beaucoup plus de choses à approuver qu'à rejeter [1]. »

Nous allons pouvoir juger nous-même si cette vérité ancienne a perdu de son exactitude après dix-huit siècles passés.

Si je me suis attaché de préférence à l'étude des anciens agronomes romains, c'est qu'il m'a semblé que la nation énergique et intelligente qui avait élevé des autels au dieu *Sterculius* (fumier) méritait, plus que toute autre, de fixer notre attention ; c'est d'ailleurs celle dont il nous est resté les monuments agronomiques écrits les plus nombreux et les plus importants.

Il suffit de citer Cassius Dionysius d'Utique, Caton, Varron, Columelle, Virgile, Pline, Palladius, pour faire comprendre l'importance et l'attrait qu'une pareille étude pouvait offrir.

Pour permettre un facile contrôle de la traduction des passages que j'ai cru devoir citer, et les rectifications dont cette traduction pourrait être l'objet, j'ai cru devoir donner, à l'appui de chaque citation, le texte original.

Si j'avais eu la prétention de passer en revue

---

[1] « Quæcumque sint quæ propter disciplinam ruris nostro-« rum temporum cum priscis discrepent, non deterrere de-« bent a lectione discentem. Nam multo plura reperiuntur « apud veteres quæ nobis probanda sint, quam quæ repu-« dianda. »

toutes les branches de l'agronomie sur lesquelles les agronomes latins nous ont laissé d'excellents travaux, j'aurais démesurément étendu le cadre que je m'étais tracé ; je prie le lecteur de ne pas oublier qu'il s'agit ici de *fragments* détachés, sur un nombre limité d'objets d'étude.

A une époque où l'élevage et l'entretien du bétail cesse d'être considéré chez nous comme un mal nécessaire, mais commence à être envisagé comme une source réelle de profit pour le cultivateur, il ne sera pas sans intérêt de se reporter à dix-huit ou vingt siècles en arrière, pour se rendre compte de ce qu'on pensait sur cette question, et de ce qu'on faisait chez ce peuple romain si plein de bon sens pratique, et chez qui l'agriculture était en si grand honneur.

L'entretien du bétail demande des fourrages, des prairies naturelles ou des prairies artificielles pour le nourrir, des soins particuliers pour le loger, pour le rationner convenablement, une hygiène convenable et des soins spéciaux pour l'élever ou l'engraisser. Enfin il n'y a pas d'agriculture possible sans engrais.

L'étude que nous avons entreprise nous conduit à reconnaître que, dans certains domaines d'alors, la basse-cour et surtout les volières pouvaient donner des produits dont on ne se fait pas d'idée aujourd'hui.

Nous sommes donc ainsi conduit à diviser ces études en plusieurs parties :

La première, consacrée à l'étude des engrais et des amendements ;

La seconde, comprenant les prés, les prairies artificielles et les plantes fourragères ;

La trosième, comprenant le logement et l'hygiène du bétail ;

La quatrième, son alimentation, son entretien et son engraissement ;

La cinquième, l'élevage ;

La sixième, l'alimentation, l'engrais des volailles ordinaires de basse-cour et de certains oiseaux dont l'engraissement, aujourd'hui adandonné, était autrefois très-lucratif pour ceux qui s'y livraient.

(J'ai constamment mis entre guillemets la traduction des passages cités, afin qu'il soit plus facile au lecteur de restituer à chacun ce qui lui appartient en propre.)

PREMIÈRE PARTIE

Engrais et amendements.

Sterquilinium magnum stude ut habeas.

« Attachez-vous à obtenir beaucoup de fumier.

CATON.

Afin de procéder avec un peu de méthode dans cette première partie de notre revue, nous la partagerons en cinq chapitres distincts :

Le premier renfermera les documents relatifs à la nature des diverses matières employées comme engrais du temps des anciens Romains ;

Le second contiendra les documents relatifs à la manière de préparer ces engrais ;

Le troisième comprendra les fragments relatifs au mode d'emploi de ces engrais, à leur dosage et à l'époque de leur emploi ;

Le quatrième chapitre aura pour objet l'exposé des opinions des agronomes romains relativement à la classification des engrais usuels d'après leur valeur et leur efficacité.

Enfin, le cinquième et dernier chapitre de cette revue aura pour objet de donner une idée des connaissances des Romains sur ce qui concerne les améliorations que nous désignons aujourd'hui sous le nom d'amendements.

CHAPITRE PREMIER.

DES DIVERSES MATIÈRES EMPLOYÉES COMME ENGRAIS CHEZ LES
ROMAINS.

Caton disait:

« Employez comme litière, pour en faire du fumier, les pailles de lupin, de fèves, de blé; les
feuilles d'yeuse et de chêne.

« Extirpez de vos récoltes l'ièble et la ciguë ; arrachez les herbes qui croissent autour des saules
et mettez-les sous vos brebis ainsi que les feuilles
qui pourrissent.

« Si votre vigne est stérile, brûlez-en le sarment
et enfouissez-en la cendre par un labour.

« Lorsque vous voulez semer du froment dans
un champ, faites-y parquer vos moutons [1]. »

Voici maintenant ce que disait, dans un chapitre
intitulé *Stercoris præparatio*, Cassius Dionysius
d'Utique, dont l'ouvrage paraît être un recueil de

---

[1] « Stercus unde fiat, stramenta lupinum, paleas fabalia, ac
« frondes ilignea quernasque.

« E segete evellito ebulum, cicutam, et circum salicta her-
« bam mactam, ulvamque : eam substernito ovibus, frondem-
« que putridam.

« Vinea si macra erit, sarmenta sua comburito, et indidem
« inarato.

« Item ubi saturus eris frumentum, oves ibi delectato. »
(Cato, *de Re rustica*.) — Caton est mort l'an 505 de Rome, cent
quatre-vingt-dix-huit ans avant Jésus-Christ.

préceptes choisis tirés des auteurs qui l'ont pré-
cédé, auteurs dont les ouvrages sont aujourd'hui
presque tous perdus, comme celui du Carthaginois
Magon, dont les agronomes romains parlent souvent avec éloge:

« Certains cultivateurs creusent une fosse grande
et profonde pour y porter et y faire pourrir toute
espèce de fumier, bon ou mauvais. Ils y apportent
aussi des cendres de fourneaux, les ordures, les
excréments de toute espèce d'animaux, surtout les
excréments humains; et le meilleur de tous les engrais, celui qui active le mieux la végétation de
toutes les plantes, celle de la vigne principalement,
l'urine humaine, est versé sur ce mélange.

« Ils y ajoutent même jusqu'aux rognures et aux
ordures que l'on trouve chez les corroyeurs.

« Beaucoup d'entre eux arrachent le chaume
après la moisson et le mettent comme litière sous
le bétail; trituré, imprégné d'urine, il se trans-
forme, par la putréfaction, en fumier qu'ils mettent
dans la fosse avec toutes les matières dont nous
avons parlé.

« S'il se trouve des immondices, des cendres de
paille, de roseaux, d'épines, de bois ou de sarment,
ils les ajoutent encore avec le même soin.

« Ils y mêlent encore les algues rejetées par la
mer, ainsi que toutes les ordures qu'elles entraînent, après les avoir lavées avec soin dans l'eau
douce [1]. »

[1] « Quidam magnam et altam fossam effodiunt, eoque omne

Columelle nous dit, au sujet des cultivateurs non pourvus de bétail et qu'on appelle souvent, de nos jours, les *cultivateurs amateurs* :

« Je sais qu'il est certaines métairies où l'on pourrait n'avoir ni bestiaux, ni volailles ; cependant il faut qu'un cultivateur soit bien négligent si, même en un tel lieu, il manque d'engrais.

« Ne peut-il pas recueillir et entasser des feuilles quelconques et le terreau qui s'amasse au pied des buissons et dans les carrefours ? Ne peut-il pas obtenir la permission de couper de la fougère chez un voisin auquel cet enlèvement ne fait aucun tort, et la mêler aux immondices de la cour ?

« Ne peut-il pas creuser une fosse à engrais.... et y réunir la cendre, les ordures des cloaques, des chaumes et toute espèce de balayures ? Voilà

« stercus tum præstantius tum deterius deferunt, ac putre-
« faciunt. Sed et cinerem furnorum et cœnum, et omnium
« animalium stercora, et præ omnibus humanum, et quod
« maximum est, et per se magis juvans omnes plantas, et in
« primis vites, et urinam humanam affundunt.

« Imo etiam coriariorum retrimenta ac sordes superinji-
« ciunt.

« Multi etiam stipulam post messem evulsam pecori subster-
« nunt, quo conculcata et per urinam computrefacta stercus
« fiat, et cum prædictis omnibus in fossam demergunt.

« Quin et si cœnosa aliqua immundities, sive etiam ex paleis
« sive spinis, aut lignis aut sarmentis cinis fuerit, etiam hunc
« adjiciunt.

« Sed et algam e mari una cum adhærentibus sordibus ejec-
« tam aqua dulci diligenter elotam immiscent. » (Lib. II, cap. **xx**.)

ce qu'on peut faire dans les campagnes dépour-
vues de bétail [1].

« Dans les métairies pourvues de bestiaux, on
enlève chaque jour des matériaux pour engrais
par le nettoyage de la cuisine et de la fromagerie
et, pendant les temps pluvieux, par le nettoyage
des étables et des bergeries [2]. »

Au lieu de jeter toujours sur le tas de fumier
la cendre de leurs fourneaux, les agronomes des
temps passés savaient aussi employer les cendres
en nature directement, puisque au rapport de
Pline :

« Dans la Transpadane, on faisait un tel cas de
la cendre comme engrais qu'on la préférait même
au fumier des bêtes de somme, que l'on brûlait
pour le transformer en un autre engrais d'un

---

[1] C'est à peu près ainsi que l'on procède aujourd'hui, pour
la confection des fumiers de rue, dans le voisinage des villes.

[2] « Nec ignoro quoddam esse ruris genus, in quo neque pe-
« cora, neque aves haberi possint; attamen inertis est rustici,
« eo quoque loco defici stercore.

« Licet enim quamlibet frondem, licet e vepribus compi-
« tisque congesta colligere ; licet filicem sine injuria vicini
« etiam cum officio decidere, et permiscere eam purgamen-
« tis cortis; licet, depressa fossa,..... cinerem, cœnumque
« cloacarum, et culmos, cæteraque, quæ everruntur, in unum
« congerere ; hæc ubi viduus pecudibus ager.

« Nam ubi greges quadrupedum versantur, quædam quo-
« tidie, ut culina et caseale, quædam, pluviis diebus, ut bu-
« bilia et ovilia, debent emundari. » (*De Re rustica,* lib. II,
« cap. xv.) — Columelle écrivait vers l'an cinquante de notre
ère, il y a juste dix-huit cent-quatorze ans.

poids bien moins considérable [1]. Cependant, ajoutait Pline, on ne se sert pas indistinctement de cendres et de fumier dans le même champ, et même la cendre n'est pas employée dans les vergers, ni pour de certaines cultures [2]. »

« On a découvert dernièrement, dit-il un peu plus loin, que la cendre des fours à chaux convient parfaitement aux oliviers [3]. »

Palladius disait aussi (liv. X, c. x *de Re rustica*) :

« Si la mousse couvre les vieilles prairies, répandez-y souvent de la cendre, c'est un bon remède pour détruire la mousse [4]. »

Columelle avait déjà dit, longtemps auparavant :

« L'on peut tirer assez bon parti de l'emploi de la cendre et de la braisette [5]. »

Enfin Virgile, dans son admirable chef-d'œuvre des *Géorgiques*, s'exprime en ces termes (liv. I) :

> . . . . Arida tantum
> Ne saturare fimo pingui pudeat sola, neve
> Effetos cinerem immundum jactare per agros.

« Ne craignez pas de charger de gras fumier votre

---

[1] Cette pratique est encore suivie dans certains cantons de l'ouest de la France.

[2] « Transpadanis cineris usus adeo placet, ut anteponant fimo « jumentorum ; quod quia levissimum est, ob id exurunt. « Utroque tamen pariter non utuntur in eodem arvo, nec in « arbustis cinere, nec quasdam ad fruges. » (Lib. XVII, cap. v.)

[3] « Nuper repertum, oleas gaudere maxime e calcariis for- « nacibus. » (Lib. XVII, cap. vi.)

[4] « Si prata vetera muscus obduxerit, quod ad necandum « muscum prodest, cinis sæpius ingerendus. »

[5] ..... « Satis profuit cineris usus et favillæ. » (Lib. II, cap. xv.)

sol épuisé, ni de couvrir de cendres vos champs fatigués. »

Les engrais verts étaient aussi d'un fréquent usage chez les anciens Romains. Ce mode de fumure, assez peu employé dans nos régions septentrionales, s'est perpétué jusqu'à nos jours dans certains cantons de l'Italie et de nos départements méridionaux.

Comme engrais verts, les Romains estimaient particulièrement les lupins; les Grecs préféraient les fèves, comme le rapporte Théophraste (*Hist. plant.*, VIII) :

« La fève, qui d'ailleurs n'est pas une culture désavantageuse, est encore considérée comme pouvant servir d'engrais au sol à cause de la facilité avec laquelle elle entre en putréfaction.

« Aussi les habitants de la Macédoine et de la Thessalie ont-ils coutume de retourner leurs champs ensemencés de fèves lorsque celles-ci sont en fleur [1]. »

Columelle, après avoir dit que « la tige hachée du lupin a l'énergie d'un excellent fumier [2], » ajoute un peu plus loin, dans un chapitre suivant :

[1] « Faba quum alias molesta minime est, tum etiam tellurem « raritatis suæ ac putretudinis causa stercorare putatur.

« Ob id, qui circa Macedoniam atque Thessaliam colunt, « quum fabæ florent arva , invertere consueverunt. » — Théophraste vivait environ trois-cent-dix ans avant Jésus-Christ.

[2] « Frutex lupini succisus optimi stercoris vim præbet. » (Lib. II. cap. xv, *de Re rustica*.)

« Pour moi, je pense que, fût-il privé de toute espèce de fumier, le cultivateur aura toujours sous
la main la facile ressource de l'emploi du lupin [1]. »

Nous verrons bientôt, dans notre troisième chapitre, les conseils que donne Columelle relativement à l'emploi du lupin comme engrais vert.

Pline disait aussi, au sujet de cette même plante :

« Tout le monde s'accorde à dire que, parmi les
engrais, rien n'est plus utile qu'une récolte de
lupin retournée à la charrue, ou à la bêche à deux
dents, ou bien coupée à la main avant la formation du grain, lorsqu'on l'enfouit au pied des arbres
ou des vignes [2]. »

Plus loin il ajoute :

« Dans les lieux privés de bestiaux, le chaume
lui-même et la fougère peuvent être employés
comme engrais [3]. »

Enfin les relais de mer et la vase des rivières sont
aussi recommandés comme engrais par Palladius,
qui nous dit :

« Les ordures de la mer, lorsqu'elles auront été
lavées par les eaux douces, mélangées aux autres
matières, pourront tenir lieu de fumier ; il en est de

[1] « Jam vero et ego reor, si deficiatur omnibus rebus agri-
« cola, lupini certe expeditissimum præsidium non deesse. »
[2] « Inter omnes autem fimos constat nihil esse utilius lu-
« pini segete priusquam siliquetur, aratro vel bidentibus
« versa, manipulisve desecta, circa radices arborum ac vitium
« obruta » (Plin., lib. XVII, cap. vi.)
[3] « Etiam ubi non sit pecus, culmo ipso, vel etiam filice
« stercorare arbitrantur. » (Lib. XVII, cap. vi.)

même du limon abandonné par les eaux de source ou par les débordements des grands cours d'eau [1]. »

Que les hommes consciencieux se demandent maintenant si, à part les engrais concentrés dont l'invention n'est même pas du xixe siècle, on a beaucoup ajouté à la liste que nous venons d'énumérer d'après nos agronomes latins, dont j'ai cru devoir citer textuellement les préceptes, lors même qu'ils étaient répétés plusieurs fois, sous des formes diverses ou par des auteurs différents.

Voyons actuellement l'exposé des méthodes préconisées, il y a vingt siècles, pour la confection des fumiers.

CHAPITRE II.

DOCUMENTS RELATIFS A LA MANIÈRE DE PRÉPARER LES ENGRAIS USUELS CHEZ LES ANCIENS ROMAINS.

Dans ses préceptes d'agriculture, Caton disait:

« Attachez-vous à obtenir un gros tas de fumier. Conservez soigneusement vos engrais [2]. »

C'est le conseil que l'on ne cesse de répéter encore sur tous les tons aux cultivateurs de nos

---

[1] « Et maris purgamenta, si aquis dulcibus eluantur, mixta « reliquis vicem stercoris exhibebunt, et limus quem sca tu- « riens aqua vel fluvii incrementa respuerint. » (*De Re rustica*, « lib. I, cap. xxxiii.)

« Sterquilinium magnum stude ut habeas. Stercus sedulo « conserva. » (*De Re rustica*, cap. v.)

jours, et avec raison, puisque les engrais seront toujours la pierre angulaire de toute bonne agriculture.

Cassius Dionysius d'Utique, après avoir indiqué les diverses matières qui peuvent servir à la confection des engrais (voir page 17), ajoute les recommandations suivantes :

« Lorsqu'on a mélangé dans les fosses toutes les matières qui viennent d'être énumérées, on arrose le tout avec de l'eau douce pour en activer la putréfaction simultanée.

« On remue ensuite le mélange avec des râteaux jusqu'à ce qu'il en résulte un fumier homogène et gras.

« Il est très-utile encore de détourner sur le tas de fumier les ruisseaux qui coulent sur la voie publique. L'eau trouble et vaseuse qu'ils charrient augmentera d'autant le monceau, et l'améliorera parce qu'elle en facilitera beaucoup la putréfaction [1]. »

Écoutons maintenant les prescriptions de Varron sur le même sujet [2] :

[1] « Et post omnium prædictorum in fossis mixturam, aquam « dulcem superingerunt, quo citius omnia computrescant. Post « hæc vero sarculis eo usque movent, donec totum commix- « tum et unitum stercus succulentum fiat. Valde autem potest « imbrium rivos ex viis ad sterquilinium derivare. Hæc enim « aqua limosa existens et turbata, stercus jam insitum auge- « bit, et multa putrefactione addita melius reddet. » (Lib. II, « cap. xx.)

[2] Varron écrivait ces lignes environ vingt-cinq ans avant Jésus-Christ.

« Une métairie doit avoir deux fosses à fumier, ou, si elle n'en a qu'une, celle-ci doit être divisée et à double entrée : car dans l'un des compartiments il faudra porter le nouveau fumier de la ferme : l'engrais ancien, contenu dans l'autre conpartiment, sera porté aux champs.

« En effet, le fumier récent que l'on y apporte est le moins bon ; il devient meilleur une fois désagrégé.

« La fosse à fumier sera encore plus avantageuse si elle est préservée de l'ardeur du soleil par des branches et par du feuillage sur les côtés et sur le dessus.

« Il est, en effet, important que le soleil ne dissipe pas d'avance les sucs dont la terre a besoin Aussi les cultivateurs habiles, quand ils le peuvent, ne manquent pas de ménager des écoulements d'eau pour humecter leur fumier, afin d'en conserver les sucs en assez grande abondance.

« Quelques-uns y placent aussi les latrines de la maison [1]. »

---

[1] « Villam duo habere oportet sterquilinia, aut unum bifariam divisum, alteram enim in partem ferri oportet e villa novum fimum ; ex altera veterem tolli in agrum. Quod enim infertur recens minus bonum ; id, quum flacuit, melius : nec non sterquilinium melius illud cujus latera et summum virgis ac fronde vindicatum ab sole. Non enim succum quem quærit terra, solem ante exugere oportet. Itaque periti (qui possint) ut eo aqua influat eo nomine faciant. Sic enim maxime retinetur succus in eo. Quidam et sellas familiaricas ponunt. » (Varro, *de Re rustica*, lib. I, cap. XIII.)

Varron dit encore, quelques lignes auparavant :

« La basse-cour extérieure étant fréquemment couverte de litière et de paille que les bestiaux fouleront aux pieds, il en résultera un excellent engrais que l'on y pourra prendre pour améliorer le fonds [1]. »

Plus loin, il ajoute :

« Il faut que le tas de fumier soit établi à portée de la ferme et approprié à ses besoins, de manière à nécessiter le moins possible de frais de main-d'œuvre [2]. »

Columelle, dont l'opinion à toujours été d'un si grand poids et qui mérite à si juste titre le rang distingué que lui accorde la postérité, s'exprime ainsi sur cette question :

« Ayez deux fosses à engrais, l'une pour recevoir les nouvelles curures de vos étables et les conserver pendant un an, tandis que l'on emploiera le fumier ancien contenu dans l'autre. Toutes deux seront, comme les piscines, sur un sol légèrement incliné, murées et pavées, de manière à ne laisser échapper ni infiltrer aucun liquide ; car il est très-important de conserver au fumier toute sa force en évitant la dessiccation des sucs, et de le laisser macérer dans une continuelle humidité. De cette ma-

[1] « Cohors exterior crebro operta stramentis ac palea occul-
« cata pedibus pecudum, fit ministra fundo, ex ea quod eve-
« hatur. » (Lib. I, cap. xiii.)

[2] « Sterquilinium secundum villam facere oportet, ut quam
« paucissimi operis egeratur. » (Lib. I, cap. xxxviii.)

nière, s'il se trouve mêlées aux litières et aux pailles quelques graines d'épines ou de mauvaises herbes, elles pourrissent et ne vont pas salir d'herbes les récoltes des champs sur lesquels on les porte avec l'engrais. Les cultivateurs habiles couvrent avec des claies de branchages tout ce qu'ils ont retiré de leurs bergeries et de leurs étables, pour empêcher qu'il ne soit desséché par les vents, ou brûlé par les rayons du soleil [1]. »

Ailleurs, Columelle, revenant sur cette question, s'exprime en ces termes :

« Je considère comme peu soigneux les cultivateurs chez lesquels on ne recueille pas, chaque mois, une voie (*vehes*) [2] de fumier par tête de menu bétail, et dix voies par tête de gros bestiaux; chez lesquels chaque personne n'en fournit pas

---

[1] « Sterquilinia duo sint : unum quod nova purgamenta
« recipiat, et in annum conservet; alterum ex quo vetera
« vehantur; sed utrumque more piscinarum devexum leni
« clivo, et exstructum pavitumque solum habeat, ne humo-
« rem transmittat; plurimum enim refert non adsiccato succo
« fimum vires continere, et assiduo macerari liquore, ut si
« qua interjecta sint stramentis aut paleis spinarum vel gra-
« minum semina, intereant, nec in agrum exportata segetes
« herbidas reddant. Ideoque periti rustici, quidquid ovilibus
« stabulisque conversum progresserunt, superpositis virgeis
« cratibus tegunt, nec arescere ventis sinunt aut solis incursu
« patiuntur exuri. » (Lib. I, cap. vi.)

[2] La mesure appelée *vehes* par Columelle contenait 80 modius; le *modius* équivaut à 10 litres suivant les uns, et suivant d'autres à un peu moins de 9 litres; le *vehes* représente donc de 7 à 8 hectolitres, en d'autres termes, 7 à 8 dixièmes (ou environ trois quarts) de mètre cube.

autant, soit par ses déjections de toute nature, soit par les ordures des basses-cours et les balayures qu'on ramasse dans la ferme et qu'on doit entasser journellement.

« J'appelle encore l'attention sur ce point, que tout fumier qui, disposé convenablement, s'es mûri pendant une année, est très-avantageux pour les cultures ; car il possède encore beaucoup d'énergie et n'engendre plus d'herbes ; passé ce temps, plus il vieillit, moins il produit d'effet, parce qu'il a moins d'énergie.

« On doit l'épandre aussi nouveau que possible sur les prés, pour qu'il y fasse naître une plus grande quantité d'herbes, et ce travail doit être fait dans le mois de février, à l'époque du croissant de la lune ; on favorise ainsi notablement la production du foin [1]. »

---

[1] « Parum autem diligentes existimo esse agricolas, apud quos
« minores singulæ pecudes tricenis diebus minus quam sin-
« gulas, itemque majores denas vehes stercoris efficiunt, toti-
« demque singuli homines, qui non solum ea purgamenta,
« quæ ipsi corporibus edunt, sed et quæ colluvies cortis et
« ædificii quotidie gignit, contrahere et congerere possunt.
« Illud quoque præcipiendum habeo, stercus omne quod tem-
« pestive repositum anno requieverit, segetibus esse maxime
« utile ; nam et vires adhuc solidas habet, et herbas non
« creat : quanto autem vetustius sit, minus prodesse, quo-
« niam minus valeat. Itaque pratis quam recentissimum de-
« bere injici, quod plus herbarum progeneret : idque mense
« februario luna crescente fieri oportere ; nam ea quoque res
« aliquantum fructum adjuvat. » (Lib. II, cap. xv, *de Re
rustica*.)

Enfin, nous terminerons par les préceptes que Palladius nous a laissés sur le même sujet:

« On devra établir le dépôt de fumier dans un lieu où l'humidité soit abondante.....

« Cette humidité fera pourrir les graines d'épines s'il s'en trouve dans le dépôt.

« Le fumier qui a séjourné un an dans la fosse est excellent pour les récoltes et n'engendre pas de mauvaises herbes ; plus vieux, il produit moins d'effet. Le fumier plus récent, au contraire, est bon pour les prés, dont il augmente la fécondité [1]. »

La fosse à purin est bien certainement préférable aux écoulements d'eaux, bourbeuses ou non, dont l'usage est recommandé par les agronomes romains ; mais, si nous voulons bien reconnaître qu'elle est encore bien clair-semée de nos jours, nous trouvons, en résumé, dans l'ensemble de ces préceptes, une foule de choses que la plupart de nos cultivateurs d'aujourd'hui devraient bien apprendre et pratiquer, une foule de prescriptions et un ensemble de connaissances que ne désavoueraient pas beaucoup d'habiles agronomes de nos jours, surtout en ce qui concerne la quantité de

---

[1] « Stercorum congestio locum suum tenere debebit, qui « abundet humore.... Humor abundans hoc præstabit stercori, « ut si qua insunt spinarum semina, putrefiant. Stercus quod « anno requieverit segetibus utile est, nec herbas creat ; si « vetustius sit, minus proderit ; pratis vere recentiora stercora « proficiunt ad uber herbarum. » (Palladii *de Re rustica*, lib. I, cap. xxxiii.)

fumier qu'il est possible d'obtenir dans des circonstances données.

En un mot, la science de la préparation des fumiers était déjà portée, il y a plus de dix-huit siècles, à un assez haut degré de perfection, et témoi-
gnait surtout de soins que nous ne voyons donner
que bien rarement, même aujourd'hui, à cette
branche si importante de l'agriculture.

Quant au séjour plus prolongé du fumier dans
les fosses, qui semble indiquer un état de décom-
position plus avancée qu'on ne l'exige en général
de nos jours, il pouvait avoir des avantages. Les
opinions sont encore aujourd'hui partagées sur la
question, et nous ne devons pas perdre de vue que
Columelle et Palladius signalaient déjà l'infériorité
du fumier qui avait plus d'un an.

D'ailleurs, n'oublions pas que les procédés de
culture, les assolements, etc., différaient alors de
ceux que nous suivons aujourd'hui en France ; que
le climat et la nature du sol doivent aussi être pris
en considération dans cette question si importante
et si délicate, avant de chercher à décider si les
agronomes romains méritent un blâme à cet
égard.

CHAPITRE III.

Écoutons d'abord Cassius Dionysius d'Utique sur cette question ; il dit, dans un chapitre ayant pour titre *de Stercore* (du Fumier) :

« Le fumier améliore la bonne terre, et encore plus la mauvaise.

« La terre de bonne qualité demande peu de fumier ; celle de qualité moyenne en veut un peu davantage ; à la terre légère et sans consistance, il en faut beaucoup.

« Ce n'est pas par monceaux, mais partout, qu'il faut donner du fumier à la terre. Celle qui n'est pas fumée devient froide ; celle qui l'est trop en est en quelque sorte brûlée.

« Celui qui fume des plantes ne doit pas mettre le fumier en contact avec les racines ; mais il doit mettre d'abord sur celles-ci une suffisante quantité de terre ameublie, puis le fumier, et enfin, pardessus, le reste de la terre. De cette manière, les plantes ne seront pas brûlées, puisqu'elles ne seront pas en contact avec le fumier, et la chaleur de celui-ci ne sera pas perdue pour les plantes, puisqu'il est préservé de la sécheresse par la terre qui le recouvre [1]. »

Caton, dans son langage concis, s'exprime en ces termes :

« Partagez ainsi votre fumier : transportez-en la moitié sur vos terres en labour, au moment des semailles ; s'il s'y trouve des oliviers, déchaussez-les, mettez-y du fumier, et faites ensuite votre ensemencement.

« Vous devez mettre ainsi au pied de vos oliviers découverts le quart de votre fumier dont ils ont grand besoin ; ensuite recouvrez de terre ce fumier. L'autre quart, réservez-le pour vos prés, où vous devrez le répandre lorque soufflera le Favonius [2]. »

[1] « Bonam terram stercus meliorem facit, vitiosam autem
« amplius juvabit. Bona igitur terra stercore multo non ha-
« bet opus, media paulo ampliore, tenuis vero et imbecilla,
« multo. Non acervatim autem, sed densius stercorandum
« est. Cæterum terra non stercorata riget ; amplius stercorata
« comburitur. Oportet autem eum qui plantas stercorat, non
« statim ad radices stercus injicere, sed primum terram im-
« mittere sufficientem et tenuem, deinde stercus, et postea
« rursus id idpsum terra occulere. Ita enim neque combu-
« rentur plantæ, non injecto statim ipsis stercore, neque ca-
« liditas ab ipsis evaporabit, non contectis a sole terra. » (Dio-
nysii Cassii Uticensis *de Agricultura*, lib. II, cap. xix.)

[2] « Stercus dividito sic : partem dimidiam in segetem, ubi
« pabulum seras, invehito ; et si ibi olea erit simul ablaqueato
« stercusque addito ; postea pabulum scrito. Partem quartam
« circum oleas ablaqueatas, qua maxime opus erit, addito, ter-
« raque stercus operito. Alteram quartam partem in pratum
« reservato, idque tum maxime opus erit, ubi Favonius flabit. »
(Cap. xxix.)

Ailleurs il dit:

« Lorsque vous aurez conduit aux champs votre fumier, répandez-le et divisez-le ; transportez-le en automne [1]. »

Enfin, comme indication de l'emploi des diverses sortes d'engrais aux différentes cultures, Caton nous dit, dans une autre partie de son laconique ouvrage, intitulé : *Des substances propres à fumer les récoltes* [2] :

« La fiente de pigeons doit être répandue sur les prés, dans les jardins ou sur les terres à blé.

« Le fumier des chèvres, celui des moutons, celui des bœufs et toute autre espèce de fumier doit être conservée avec le plus grand soin.

« Répandez la lie d'huile en arrosement au pied de vos arbres ; une amphore [3] au pied des plus gros, une urne au pied des plus petits, après l'avoir préalablement mélangée avec moitié d'eau, et après avoir découvert vos arbres à une faible profondeur. »

Columelle, dans ce qu'il nous a laissé sur cette

---

[1] « Stercus cum exportaveris spargito, et comminuito ; per autumnum evehito. » (Cap. v.)

[2] « *Quæ segetem stercorant.* — Stercus columbinum spargere oportet in pratum, vel in hortum, vel in segetem. Caprinum, ovillum, bubulum, item cæterum stercus omne sedulo conservato. Amurcam spargas, vel irriges ad arbores, circum capita majora, amphoras, ad minora urnas cum aquæ dimidio addito, et prius ablaqueato non alte. » (Cap. xxxvi.)

[3] L'*amphore* vaut de 26 à 29 litres ; l'*urne*, ou demi-amphore, de 13 à 14 litres et demi.

question, ajoute encore des conseils généraux sur les soins à donner aux fumiers, tant il était convaincu que la bonne administration de ces engrais est le premier et le principal élément de succès d'une exploitation agricole.

« Si votre exploitation, dit-il, est uniquement composée de terres à blé, il importe peu de séparer les fumiers par espèces ; si, au contraire, elle se compose de vergers, de terres labourables et de prés, il faudra mettre à part les divers genres d'engrais ; par exemple, le fumier de chèvre occupera une place particulière, ainsi que la fiente des oiseaux. Le reste sera entassé dans la fosse dont nous avons parlé et entretenu dans un état constant d'humidité, afin que les graines de mauvaises herbes mêlées aux chaumes et aux autres matières puissent y pourrir.

« Ensuite, dans les mois d'été, pour que l'engrais se putréfie plus facilement et produise de meilleurs effets dans les champs, il faut remuer et mêler tout le fumier avec des râteaux comme on remuerait la terre avec la houe à deux dents [1]. »

[1] « Si tantum frumentarius ager est, nihil refert genera « stercoris separari ; sin autem surculo et segetibus, atque « etiam pratis fundus est dispositus generatim quoque repo- « nendum est, sicut caprarum et avium. Reliqua deinde in « prædictum locum concavum congerenda, et assiduo humore « satianda sunt, ut herbarum semina culmis cæterisque rebus « immixta putrescant. Æstivis deinde mensibus, non aliter « ac si repastines, totum sterquilinium rastris permisceri « oportet, quo facilius putrescat, et sit arvis idoneum. » (Lib. II, cap. xv.)

Columelle a bien soin de recommander d'enfouir le fumier aussitôt qu'il est répandu sur la terre, et voici en quels termes il s'exprime à ce sujet :

« Aussitôt que le fumier est répandu, il doit être enfoui dans le sol, de peur que l'ardeur du soleil ne lui fasse perdre ses bonnes qualités, et pour que la terre, s'incorporant mieux avec lui, s'engraisse plus uniformément. C'est pourquoi, lorsque des tas de fumier seront déposés dans un champ, on n'en devra étendre que ce que les laboureurs pourront recouvrir dans la journée [1]. »

Un peu plus loin, Columelle dit :

« Avant de *biner* une terre maigre, il est à propos de la fumer ; car le fumier est pour le sol une sorte de nourriture qui l'engraisse. On déposera des tas de fumier d'environ 5 modius chacun (de 45 à 50 litres), plus écartés dans les plaines, plus rapprochés sur les coteaux.

« Dans la plaine, l'intervalle sera d'environ 8 pieds [2] ($2^m,40$) en tous sens, et de 6 seulement ($1^m,80$) sur les coteaux [3]. »

Quant à la dose d'engrais la plus convenable,

[1] « Disjectum protinus fimum inarari et obrui convenit, ne solis alitu vires amittat, et ut permixta humus prædicto alimento pinguescat. Itaque quum in agro disponentur acervi stercoris, non debet major modus eorum dissipari quam quem bubulci eodem die possint obruere. » (Lib. II, cap. v.)

[2] Le pied romain équivaut à peu près à 30 centimètres.

[3] « Prius tamen quam exilem terram iteremus, stercorare conveniet ; nam eo quasi pabulo gliscit.

« In campo rarius, in colle spissius, acervi stercoris instar quinque modiorum disponentur, atque in plano pedes in-

voici l'opinion de Columelle, que, par la suite, nous trouverons citée plus d'une fois par ceux qui ont traité après lui la même question :

« Un arpent (*jugerum*) demande, pour une forte fumure, vingt-quatre voies, et dix-huit pour une fumure faible [1]. »

Comme le *jugerum* équivaut à vingt-cinq ares environ, il diffère peu de la moitié de l'arpent français de cent perches de vingt-deux pieds.

La plus forte de ces deux fumures correspond à 17 ou 19 mètres cubes par 25 ares, ou à 68 à 76 *mètres cubes par hectare ;* la plus faible représente 13 à 14 mètres cubes par 25 ares, ou 52 à 57 *mètres cubes par hectare.*

Ces doses, on le voit, surpassent de beaucoup les fumures pratiquées de nos jours, si l'on en excepte quelques fumures que la plupart de nos cultivateurs d'aujourd'hui considèrent en quelque sorte comme fabuleuses.

Dans un autre chapitre de son ouvrage, Columelle nous a laissé des préceptes relatifs au temps le plus convenable pour l'emploi des fumiers, suivant la nature des cultures auxquelles on destine l'engrais.

Ce chapitre a pour titre : *En quels temps on doit fumer les champs.*

« tervalli quoquo versus octo, in clivo duobus minus relinqui
« sat erit. »

[1] « Jugerum desiderat, quod spissius stercoratur, vehes quatuor et viginti ; quod rarius, duodeviginti. » (Lib. II, cap. v.)

« Celui qui veut préparer ses terres à recevoir du blé, doit déposer, au déclin de la lune, au mois de septembre pour les semailles d'automne, et dans le courant de l'hiver pour celles de printemps, du fumier par petits tas, dans la proportion de 18 voies par *jugerum* (52 à 57 mètres cubes par hectare) en plaine, et de 24 voies (68 à 76 mètres cubes par hectare) sur les coteaux ; en outre, comme je l'ai déjà dit, on n'étendra cet engrais qu'au moment d'ensemencer.

« Si pourtant quelque cause empêche de fumer à temps, on aura recours à un autre moyen : avant de sarcler la récolte, on répandra comme de la semence de la fiente d'oiseaux réduite en poudre ; à défaut de cet engrais, on jettera à la main du crottin de chèvre, puis on mêlera l'engrais avec la terre au moyen du sarcloir : on obtient ainsi de belles récoltes.

« Les cultivateurs ne doivent pas ignorer que, si le sol se refroidit par l'absence de fumure, il est brûlé par une fumure excessive ; qu'il est plus avantageux pour eux de fumer fréquemment que de fumer trop largement.

« Il n'est pas douteux non plus qu'un champ humide exige plus de fumier qu'une terre sèche ; l'un, refroidi par le séjour continuel des eaux, se réchauffe par l'addition de l'engrais ; l'autre, déjà chaud par lui-même en raison de sa sécheresse, sera brûlé si on lui fournit l'engrais avec trop de prodigalité : il faut donc qu'il reçoive dans une juste proportion cet élément de fertilité [1]. »

Nous devons ajouter encore le passage suivant du même auteur, relatif à l'emploi de la fiente de pigeons :

« Là où l'humidité ou tout autre fléau de ce genre fait périr les récoltes, il est avantageux de répandre et d'enterrer à la charrue de la colombine, ou, à défaut de cet engrais, des ramilles de cyprès [2]. »

Enfin, Columelle, en parlant de la fumure des champs d'oliviers, donne les prescriptions qui suivent :

[1] « *Quibus temporibus agri stercorandi sint.* — Interim qui
« frumentis arva præparare volet, si autumno sementem fac-
« turus est, mense septembri ; si vero, qualibet parte hiemis
« modicos acervos, luna decrescente, disponat, ita ut plani
« loci jugerum duodeviginti, clivosi quatuor et viginti vehes
« stercoris teneant ; et, ut paulo prius dixi, non antea dissipet
« cumulos quam quum erit saturus. Si tamen aliqua causa
« tempestivam stercorationem facere prohibuerit, secunda
« ratio est : antequam sarrias, more seminantis ex aviariis
« pulverem stercoris per segetem spargere ; si et is non erit,
« caprinum manu jacere, atque ita terram sarculis permiscere ;
« ea res lætas segetes reddit. Nec ignorare colonos oportet, si-
« cuti refrigescere agrum qui non stercoretur, ita peruri, si ni-
« mium stercoretur ; magisque conducere agricolæ frequenter
« id potius quam immodice facere. Nec dubium, quia aquo-
« sus ager majorem ejus copiam, siccus minorem desideret :
« alter, quod assiduis humoribus rigens hoc adhibito regelatur ;
« alter, quod per se tepens siccitatibus, hoc assumpto largiore
« torretur : propter quod nec deesse ei talem materiam, nec
« superesse oportet. » (Lib. II, cap. xvi.)

[2] « Ubi vel uligo, vel aliqua pestis, segetes enecat, ibi colum-
« binum stercus, vel, si id non est, folia cupressi convenit
« spargi et inarari. » (Lib. II, cap. ix.)

« La fumure des plants d'oliviers se pratiquera comme je l'ai indiqué dans mon second livre, si l'on se propose d'en faire profiter les céréales ; mais si l'on ne veut avoir égard qu'aux arbres, il suffira de donner à chacun d'eux six livres de crottin de chèvre, ou un modius (9 à 10 litres) de fumier sec, ou bien un congius (environ 5 litres) de lie d'huile.

« L'engrais devra être déposé en automne, afin que son mélange avec la terre réchauffe pendant l'hiver les racines de l'olivier.

« La lie d'huile doit être versée au pied des moins vigoureux, parce qu'elle jouit de la propriété de faire périr les vers et autres insectes qui, pendant l'hiver, s'introduisent au pied des oliviers[1]. »

Revenant encore, dans le chapitre suivant, sur la fumure des oliviers, il ajoute :

« On peut encore, sans avoir recours aux déchaussements, les ranimer avec de la lie d'huile non salée, mêlée avec de l'urine vieille de porc

---

[1] « Eadem ratione stercorabitur olivetum, quam in secundo « libro proposui, si tamen segetibus prospicietur. At si ipsis « tantummodo arboribus satis servaveris, singulis stercoris « caprini sex libræ, stercoris sicci modii singuli, vel amurcæ « in singulis congius.

« Stercus autumno debet injici, ut permixtum hiemi radices « oleæ caleſiant.

« Amurca minus valentibus infundenda est, nam per hye- « mem, si vermes atque alia suberunt animalia, hoc medica- « mento necantur. » (Lib. V, cap. vɪɪɪ.)

ou d'homme, qui l'une et l'autre ne doivent être employées qu'avec mesure; car pour le plus grand de ces arbres, une urne (13 à 14 1/2 litres) sera plus que suffisante, à moins qu'elle ne soit mêlée avec une égale quantité d'eau [1]. »

Palladius, traitant cette même question de l'emploi des engrais, s'exprime à peu près de la même manière et ne fait en quelque sorte que répéter les prescriptions de Columelle.

Voici en entier ce fragment de Palladius :

« C'est dans ce mois (septembre) que les champs doivent être fumés, plus épais sur les collines, plus clair dans la plaine, au déclin de la lune. Cette dernière *circonstance empêchera les mauvaises herbes de prospérer.*

« Columelle dit que 24 tomberées de fumier suffisent pour un jugerum (68 à 76 mètres cubes par hectare), et même 18 tomberées (52 à 57 mètres cubes par hectare) pour un terrain situé en plaine.

« *Ne répandez, en un jour, que la quantité de fumier que vous pourrez enterrer ce même jour, afin qu'il ne perde pas sa qualité en se desséchant.*

« On peut fumer la terre en quelque moment de l'hiver que ce soit. Mais, quand une cause quelconque vous aura empêché de le faire dans

---

[1] « Sed et sine ablaqueatione adjuvanda est amurca in-
« sulsa, cum suilla vel nostra urina vetere, cujus utriusque
« modus servatur : nam maximae arbori, ni tantumdem aquae
« misceatur, urna abunde erit. »

le temps convenable, avant les semailles, répandez dans vos champs des engrais pulvérulents comme vous répandriez de la semence, ou jetez-y à la main du crottin de chèvre, que vous mêlerez avec la terre au moyen du sarcloir. Il n'est pas avantageux de fumer trop abondamment ; il vaut mieux le faire plus souvent et avec modération. Un sol humide demande plus d'engrais qu'un terrain sec [1]. »

Plus loin, le même auteur ajoute, en indiquant les travaux du mois d'octobre :

« Engraissez dans ce mois vos prairies permanentes, pendant le croissant de la lune [2]. »

Il dit encore, en parlant des travaux du même mois :

« On transporte encore maintenant et l'on étend le fumier dans les champs [3]. »

[1] « *September*. — Agri hoc mense stercorandi sunt, sed in « colle spissius, in campo rarius lætamina disponentur, quum « luna minuitur ; quæ res si servetur, herbis officiet. Uni ju- « gero asserit Columella xxiv stercoris carpenta sufficere, in « plano vero xviii. Sed iidem cumuli tot dissipandi sunt, quot « ea die poterunt exarari, ne stercora exsiccata nihil prosint. « Ejiciuntur quidem lætamina et qualibet hiemis parte. Sed si « tempori suo ejici aliqua ratione non poterunt, antequam « seras, more seminis, per agros pulverem stercoris sparge, « vel caprinum manu projice, et terram sarculis misce. Nec « prodest nimium stercorare uno tempore, sed frequenter et « modice. Ager aquosus plus stercoris, siccus vero minus re- « quirit. » (*De Re rustica*, lib. X, cap. 1.)

[2] « Prata novella stercorentur luna crescenti lætamine, hoc « mense. »

[3] « Nunc etiam lætamen effertur ac spargitur. » (Lib. XI, cap. 1.)

Quelques chapitres plus loin, il ajoute, à propos de la fumure des oliviers :

« Dans ce mois, si vous le pouvez, fumez tous les trois ans les oliviers, surtout dans les pays froids ; six livres de crottin de chèvre ou un modius (9 à dix litres) de cendre suffiront pour chacun d'eux [1]. »

Enfin *Palladius*, dans le chapitre où il traite de la culture des cardons, parle ainsi de leur fumure :

« Dans les temps secs, à l'entrée de l'hiver, répandez-y souvent de la cendre et du fumier [2]. »

Voyons enfin ce que nous a laissé Pline sur le même sujet, dans sa vaste encyclopédie.

Dans un premier chapitre ayant pour titre : *Quibus modis fimo utendum* (de quelle manière on doit employer les fumiers), il s'exprime ainsi :

« On recommande de placer les fumiers en plein air, dans un endroit creux, où l'humidité puisse être retenue, et de les recouvrir de paille, pour les préserver de l'action desséchante du soleil.

« Il est très-important de mêler le fumier à la terre par le vent d'ouest et quand la lune

---

[1] « Nunc, si suppetet, intermisso triennio stercoranda sunt « oliveta locis maxime frigidis. Caprini stercoris sex libræ « uni arbori, vel cineris modii singuli sufficient. » (Lib. XI, cap. VIII.)

[2] « Cinerem sæpe sub hieme diebus siccis fimumque misce- « bimus. » (Lib. XI, cap, XI.)

n'est pas pluvieuse. Ordinairement, et avec raison, l'on pense que cette opération doit avoir lieu dès que le Favonius commence à se faire sentir, et seulement dans le mois de février. Cependant, pour la plupart des récoltes, il peut être convenable de fumer à d'autres époques de l'année.

« Mais, quelle que soit l'époque choisie, il faudra toujours opérer par le vent du couchant équinoxial, pendant une lune sèche et dans le déclin : cette précaution augmente d'une manière étonnante la fertilité des terres et l'abondance des produits [1]. »

Dans un autre chapitre, intitulé *Stercoratio* (fumure), Pline ajoute :

« Le point le plus important ici, c'est la manière de fumer ; nous en avons déjà parlé dans le livre précédent. L'on convient qu'il ne faut pas ensemencer une terre sans l'avoir fumée ; toutefois il est ici des règles à suivre.

« Le millet, le panic, les raves, les navets, ne peuvent se passer d'engrais.

[1] « Fimeta subdio concavo loco, et qui humorem colligat, « stramento intecta, ne in sole arescant, fieri jubent.

« Fimum miscere terræ plurimum refert Favonio flante, ac « luna sitiente. Id plerique prave intelligunt, a Favonii ortu « faciendum, ac februario mense tantum : quum id pleraque « sata aliis postulent mensibus.

« Quocumque tempore facere libeat, curandum ut ab occasu « æquinoctiali flante vento fiat, lunaque decrescente ac sicca. « Mirum in modum augetur ubertas effectusque ejus obser« vatione tali. » (Lib. XVII, cap. VIII.)

« Il vaut mieux semer du froment que de l'orge dans un champ non fumé.

« Quoique l'on recommande de semer les fèves dans des terres reposées, elles veulent cependant une terre tout nouvellement fumée.

« Pour les semailles d'automne, il faut, au mois de septembre, enfouir le fumier après une pluie ; pour des semailles de printemps, fumer pendant l'hiver.

« Par *jugerum* il faut 18 voies de fumier (52 à 57 mètres cubes par hectare) ; on doit le répandre avant qu'il se soit desséché, ou immédiatement après avoir semé.

« Si l'on n'a pas pratiqué cette fumure en temps convenable, on pourra le faire ensuite, avant le sarclage, avec la fiente pulvérulente des volières.

« Pour donner une idée des soins que l'on doit apporter dans la préparation des fumiers, il est bon de savoir que chaque tête de menu bétail doit en fournir une voie (7 à 8 dixièmes de mètre cube) par mois ; chaque tête de gros bétail, 10 voies. S'il en est autrement, c'est une preuve que le cultivateur a mal soigné les litières de son bétail.

« Il est des personnes qui pensent que l'on obtient une excellente fumure en faisant séjourner les troupeaux en plein air dans des parcs.

« Une terre non fumée manque de chaleur ; trop fumée, elle est brûlée. Il vaut donc mieux la fumer peu et souvent que de la fumer outre mesure. Plus un terrain est chaud par lui-même, moins il demande d'engrais [1]. »

Enfin, je ne sais si ce serait pousser trop loin notre reconnaissante admiration pour les agronomes anciens que de voir l'idée mère des bergeries dont le sol est un plancher à claire-voie, dans le passage de Pline que nous allons citer :

« Dans quelques provinces extrêmement riches en bestiaux, on fait tomber leur fumier sur des espè-

---

[1] « Maximam hujus loci partem stercorationis obtinet ratio, « de qua et priore diximus volumine. Hoc tantum enim in « confesso est, nisi stercorati seri non oportere, quanquam et « hic leges sunt propriæ.

« Milium, panicum, rapa, napus, nisi in stercorato non se- « rantur. Non stercorato frumentum potius quam hordeum « serito.

« Item et novalibus, tametsi in illis fabam seri volunt, eam- « dem ubicumque quam recentissime stercorato solo.

« Autumno aliquid saturus, septembri mense fimum inaret « post imbrem. Utique si verno erit saturus, per hiemem fimum « disponat.

« Justum est vehes octodecim jugero tribui : dispergere « autem priusquam arescat, aut jacto semine.

« Si hæc omissa sit stercoratio, sequens est, priusquam « sarriat, aviario pulvere.

« Quod ut hanc quoque curam determinemus, justum est « tricenis diebus singulas vehes fimi denario ire, in singulas « pecudes minores ; in majores denas ; nisi contingat hoc, « male substravisse pecori colonum appareat.

« Sunt qui optime stercorare putent subdio retibus inclusa « pecorum mansione.

« Ager si non stercoratur, alget ; si nimium stercoratus est, « aduritur : satiusque est id sæpe quam supra modum facere. « Quo calidius solum est, eo minus addi stercoris ratio est. » (Lib. XVIII, cap. xiii.)

ces de cribles, à la manière de la farine. De cette
manière, sa mauvaise odeur et son aspect repous-
sant sont changés par l'effet du temps, au point de
le rendre moins désagréable [1]. »

Nous avons parlé, dans le chapitre précédent, du
fréquent emploi que les Romains faisaient du lupin
comme engrais vert, sans indiquer la manière dont
ils s'en servaient. Voici les indications de Columelle
sur ce sujet :

« Étendu et enfoui vers les *ides* de septembre
dans une terre maigre, et brisé par le soc ou par la
houe en temps convenable, il y produira l'effet du
meilleur engrais.

« Dans les terrains sablonneux, il faut couper le
lupin à la seconde fleur ; dans les terres rouges
compactes, à l'apparition de la troisième.

« Dans le premier terrain, on doit l'enfouir encore tendre, afin qu'il pourrisse promptement et se
mêle à cette terre sans consistance ; dans le second,
on l'emploie plus ferme, afin qu'il tienne plus longtemps soulevées et divisées les mottes trop compactes, de manière que l'ardeur du soleil d'été les pénètre et les ameublisse [2]. »

[1] « Visumque jam est apud quosdam provincialium, in tan-
« tum abundante geniali copia pecudum, farinæ vice cribris
« superinjici stercus, fœtore aspectuque, temporis viribus, in
« quamdam etiam gratiam mutato. » (Lib. XVII, cap. vi.)

[2] « Quod quum exili loco circa idus septembris sparserit et
« inaraverit, idque tempestive vomere vel ligone succiderit,
« vim optimæ stercorationis exhibebit.

« Succidi autem lupinum sabulosis locis oportet, quum se-

CHAPITRE IV.

OPINIONS DES AGRONOMES ROMAINS SUR LA CLASSIFICATION DES ENGRAIS USUELS D'APRÈS LEUR ÉNERGIE.

L'opinion des agronomes anciens différait peu, à cet égard, de celles des modernes. Il n'en pouvait guère être autrement dans une question toute d'expérience, où les faits et leurs conséquences, reproduits tous les ans, sous toutes les formes et dans toutes les conditions possibles, devaient, à la longue, constituer un véritable enseignement pour chaque observateur habile et sans prévention.

Dionysius Cassius d'Utique disait à ce sujet :

« Le meilleur engrais est la fiente de toute espèce d'oiseaux, excepté celle des oies et des oiseaux aquatiques, à cause de son humidité ; cependant la fiente de ces derniers pourrait produire de bons effets, si elle était mêlée à d'autres engrais.

« La colombine, toutefois, mérite le premier rang à cause de sa chaude énergie.

« C'est pourquoi certains cultivateurs l'emploient

« cundum florem ; rubricosis, quum tertium egerit. Illic dum
« tenerum est, convertitur, ut celeriter ipsum putrescat per-
« misceaturque gracili solo ; hic jam robustius, quod soli-
« diores glebas diutius sustineat et suspendat, ut eæ solibus
« æstivis vaporatæ resolvantur. » (Lib. II, cap, XVI.)

telle qu'elle est, sans préparation, et la sèment clair dans les champs en même temps que le grain. Elle agit avantageusement sur les sols sans énergie qu'elle fortifie et rend plus actifs, plus aptes à faire pousser et à nourrir les semences ; elle fait en outre vigoureusement pousser l'herbe des prairies.

« Après l'engrais des colombiers, on donne le second rang à l'engrais humain, analogue, sous certains rapports, au précédent, mais qui, employé seul, corrompt et gâte les herbes.

« Dans l'Arabie, on lui fait subir la préparation suivante : après l'avoir suffisamment desséché, on le fait macérer dans l'eau, puis on le dessèche de nouveau. L'on assure qu'il est alors excellent pour la vigne.

« Il vaut mieux cependant, à cause de la répulsion que l'on éprouve pour son emploi direct, diminuer encore cette répugnance par un mélange avec d'autres engrais.

« Le troisième rang appartient au fumier d'âne, parce qu'il est très-efficace de sa nature et qu'il convient parfaitement à toutes les plantes.

« Vient en quatrième lieu celui de chèvre, qui est très-actif ; puis celui des moutons, qui est plus gras ; après eux le fumier de bœuf.

« Mais celui de porc, supérieur à ces derniers, est d'un emploi assez difficile, à cause de sa grande chaleur, car il brûle immédiatement les récoltes.

« Le dernier de tous, le moins efficace, est celui de cheval et de mulet, lorsqu'il est employé seul ;

il peut cependant, avec avantage, être mêlé à de plus actifs.

« Il est surtout important que les cultivateurs ne se servent pas de fumier de l'année, car il ne produit aucun effet. Ajoutons à ce désavantage celui d'engendrer beaucoup d'insectes.

« Le fumier de trois à quatre ans est extrêmement bon, car, pendant ce laps de temps plus long, tout ce qu'il renfermait de fétide s'est évaporé, et ce qu'il renfermait de trop dur s'est ramolli [1]. »

[1] « Optimum stercus est avium omnium, præterquam anserum et aquaticarum volucrum, propter humiditatem; quanquam et hoc ipsum aliis mixtum utile erit.

« Præstat tamen omnibus columbinum, multa caliditate præditum.

« Quapropter aliqui, non præparantes ipsum, sed quale est sinentes, una cum semine in arvum jaciunt rarius. Commodum enim fit impotenti regioni, ipsam et nutriens et potentiorem reddens ad seminum excretionem, sed et gramen abunde extirpat.

« Secundum locum a columbario obtinet stercus humanum, aliquo modo illi adsimile, privatim autem omnes herbas corrumpit et perdit.

« Præparant autem ipsum in Arabia hoc modo : ubi sufficienter exsiccarunt, postea aqua macerant, rursusque siccant, atque hoc vitibus aptissimum esse affirmant. Præstat autem, propter abominationem rei, aliorum stercorum mixtura ejus odium mitigare.

« Tertia laus asinino debetur, ut quod fertilissimum natura est, et omnibus maxime plantis commodius existat.

« Quarto loco habetur caprinum, acerrimum existens. A quo consequens est ovillum, quod pinguius existit. Post hæc vero bubulum.

« At vero suillum his præstantius existens, satis ineptum est, ob multam sui ipsius caliditatem. Perurit enim statim sata.

Écoutons maintenant l'opinion de Varron sur le même sujet :

« D'après Cassius, le meilleur engrais est celui qui provient des oiseaux, excepté celui des oiseaux aquatiques et nageurs.

« Parmi ces engrais, il assigne à la colombine le premier rang, parce qu'elle est douée de beaucoup de chaleur et qu'elle est propre à faire fermenter la terre. Il recommande de la répandre à la volée, à la manière des semences, et de ne pas la déposer par monceaux comme le fumier des bestiaux.

« Je pense que le fumier des volières de grives et de merles lui est supérieur ; il peut servir non-seulement à l'engrais des terres, mais aussi à la nourriture des bœufs et des porcs qu'il fait engraisser. C'est pourquoi ceux qui louent des volières en rendent un prix moins élevé lorsque le propriétaire s'en réserve le fumier que lorsqu'il revient aux locataires.

« Cassius place au second rang, après la colombine, les déjections humaines, en troisième lieu le

« Vilissimum autem et omnium deterrimum est stercus
« equorum et mulorum, solum per se, acrioribus tamen uti-
« liter ammiscetur.

« Illud præ omnibus observare oportet, ne annuo stercore
« agricolæ utantur. Hoc enim nullius utilitatis est, et ad ea
« quæ affert detrimenta, etiam plurimas gignit bestiolas.

« Triennale et quatuor annorum valde bonum est. Longiori
« enim tempore quicquid fœtidum inerat evaporabit, et si
« quid durum erat, emollitum est. » (*De Agricultura*, lib. II,
cap. XIX.)

fumier de chèvre et celui de mouton, puis celui d'âne. Le fumier de cheval est le moins bon, mais sur les terres en labour, car sur les prés il est même meilleur que celui des autres bestiaux qui se nourrissent d'orge, parce qu'il fait pousser beaucoup d'herbe [1]. »

« Voici maintenant ce qu'écrivait et ce que pensait à cet égard Columelle :

« Il y a trois sortes principales de fumier : celui que nous donnent les oiseaux, celui qui provient des hommes, et celui que fournissent les troupeaux.

« Parmi les fumiers d'oiseaux, celui qui passe pour le meilleur est celui que l'on retire des colombiers ; vient ensuite celui que donnent les poules et autres volatiles, en exceptant les oiseaux aquatiques et nageurs, tels que le canard et l'oie, dont la fiente est même nuisible.

---

[1] « Stercus optimum esse Cassius volucrium, præter palu« strium ac nantium.

« De hisce præstare columbinum quod sit calidissimum, ac « fermentare possit terram. Id ut semen aspergi oportere in « agro, non ut de pecore acervatim poni.

« Ego arbitror præstare ex aviariis turdorum ac merularum, « quod non solum ad agrum utile, sed etiam ad cibum ita bu« bus et suibus, ut fiant pingues. Itaque qui aviaria condu« cunt, si caveat dominus, ut stercus in fundo maneat, minoris « conducunt quam ii quibus id accedit.

« Cassius secundum post columbinum scribit esse hominis; « tertio caprinum, et ovillam, et asininum. Minime bonum « equinum, sed in segetes; in prata enim vel optimum et cæte« rarum veterinarum, quæ hordeo pascuntur, quod multam « facit herbam. » (Varronis, lib. I, cap. XXXVIII, *de Re rustica*.)

« Nous faisons grand cas de la fiente de pigeons, que nous avons reconnue très-propre à faire fermenter la terre, lorsqu'elle y est répandue modérément.

« Au second rang sont les excréments de l'homme, si on les mélange avec les autres immondices de la cour ; car, seule, cette espèce d'engrais est naturellement trop chaude, et par conséquent brûle la terre.

« L'urine humaine, toutefois, est plus propre aux vergers, quand on l'a laissée vieillir pendant six mois. Répandue au pied des vignes ou des arbres fruitiers, elle en augmente la fécondité plus que tout autre engrais ; non-seulement elle en accroît le produit, mais elle améliore aussi la saveur et le parfum du vin et des fruits.

« L'on peut avec avantage mélanger avec l'urine humaine la vieille lie d'huile, *pourvu qu'elle ne soit pas salée*, et se servir du mélange pour arroser les arbres fruitiers, surtout les oliviers ; car, employée seule, la lie d'huile leur est elle-même aussi très-favorable. Mais c'est principalement en hiver qu'il faut faire usage de l'un et de l'autre engrais, ou bien encore au printemps, avant les chaleurs de l'été, pendant que la vigne et les arbres sont encore déchaussés.

« Au troisième rang se place le fumier provenant des bestiaux, et il en est de plusieurs qualités ; en effet, celui de l'âne est regardé comme le meilleur, parce que cet animal mange très-lentement, et, par

suite, élabore mieux sa digestion, ce qui rend immédiatement propre aux cultures le fumier qu'il
produit.

« Vient ensuite le fumier de brebis, puis celui de
chèvres, et enfin le fumier des autres bestiaux et
des bêtes de somme.

« On considère comme le moins bon de tous le
fumier des pourceaux [1]. »

[1] « Tria stercoris genera sunt præcipua : quod ex avibus,
« quod ex hominibus, quod ex pecudibus confit.
« Avium primum habetur, quod ex columbariis egeritur,
« deinde quod gallinæ cæteræque volucres edunt; exceptis
« tamen palustribus aut natantibus, ut anatis et anseris ; nam
« id noxium quoque est.
« Maxime tamen columbinum probamus, quod modice
« sparsum terram fermentare comperimus.
« Secundum, deinde, quod homines faciunt, si et aliis villæ
« purgamentis immisceatur, quoniam per se naturæ est fer-
« ventioris, et idcirco terram perurit.
« Aptior est tamen surculis hominis urina, quam sex men-
« sibus passus fueris veterascere ; si vitibus aut pomorum ar-
« boribus adhibeas, nullo alio magis fructus exuberat : nec
« solum ea res majorem facit proventum, sed etiam saporem
« et odorem vini pomorumque reddit meliorem.
« Potest et vetus amurca quæ salem non habet, permixta
« huic commode, frugiferas arbores, et præcipue oleas rigare;
« nam per se quoque adhibita multum juvat. Sed usus
« utriusque maxime per hiemem est, et adhuc vere, ante
« æstivos vapores, dum etiam vites et arbores ablaqueatæ
« sunt.
« Tertium locum obtinet pecudum stercus, atque in eo quo-
« que discrimen est : nam optimum existimatur, quod asinus
« facit, quoniam id animal lentissime mandit, ideoque fa-
« cilius alimenta concoquit, et bene confectum atque idoneum
« protinus arvo fimum reddit.

Palladius dit à peu près la même chose en peu de mots :

« Le meilleur fumier est celui d'âne, surtout pour les jardins. Viennent ensuite ceux de mouton, de chèvre et de gros bétail ; mais celui de porc est le moins bon. Les cendres produisent d'excellents effets. Le fumier de pigeon et des autres oiseaux est très-actif et produit de bons effets, excepté celui des oiseaux aquatiques [1]. »

Palladius avait déjà dit précédemment :

« La fiente des oiseaux est une excellente ressource pour l'agriculture ; il faut en excepter celle des oies, qui est nuisible à toute espèce de récolte [2]. »

Il dit encore ailleurs, au sujet de la fiente d'oie :

« L'oie est le fléau des lieux ensemencés, auxquels sa fiente ne fait pas moins de tort que son bec [3]. »

Enfin nous allons terminer par le chapitre que Pline a consacré à la même question, chapitre où

« Post hæc quæ diximus, ovillum et ab hoc caprinum est, « mox cæterorum jumentorum armentorumque.

« Deterrimum ex omnibus suillum habetur. » (*De Re rustica*, lib. II, cap. xv.)

[1] « Stercus asinorum primum est, maxime hortis ; deinde « ovillum et caprinum, et jumentorum. Porcinum vero pessi- « mum : cineres optimi. Sed columbinum fervidissimum cæ- « terarumque avium satis utile est, excepto palustrium. » (Pal- lad., *de Re rustica*, lib. I, cap. xxxiii.)

[2] « Stercus avium maxime necessarium est agriculturæ, « excepto anserum lætamine, quod satis omnibus inimicum « est. » (Lib. I, cap. xxiii.)

[3] « Locis consitis inimicus est anser, quia sata et morsu « lædit et stercore. » (Lib. I, cap. xxx.)

l'auteur, comme sur beaucoup d'autres points, expose plutôt le résumé des opinions de ses devanciers, qu'il n'expose la sienne propre :

« Il y a plusieurs sortes de fumiers. La fumure est elle-même un usage fort ancien. Dans Homère on voit déjà un royal vieillard fumer son champ de ses propres mains [1].

« Le roi Augias, dit-on, imagina cette pratique en Grèce : on ajoute qu'Hercule répandit en Italie cette invention que le pays attribua cependant à son roi *Sterculius*, fils de Faune, et à qui ce service valut l'immortalité.

« Selon Varron, le meilleur de tous les fumiers est la fiente des grives de volière, qu'il vante aussi beaucoup comme nourriture des bœufs et des porcs ; il affirme même qu'aucun autre aliment ne les engraisse plus rapidement [2].

---

[1] Le passage de l'*Odyssée* auquel Pline fait allusion est le suivant, et le vieux roi est Laërte.

> Τὸν δ'οἶον πατέρ' εὗρεν εὐκτιμένῃ ἐν ἀλωῇ,
> Λιστρεύοντα φυτόν. . . . .
>
> (Dernier livre, v. 230.)

[2] Quelques traducteurs ont interprété différemment ce passage de Pline ; ils ont compris que cette substance n'était pas donnée en nature comme aliment, mais que c'était l'herbe des prairies qui avaient reçu cet engrais qui jouissait de la propriété d'engraisser avec une admirable facilité les bœufs et les porcs qui s'en repaissaient. Je pense que c'est peut-être user un peu trop largement du droit d'interprétation. L'espèce de sentiment de répugnance que les traducteurs ont cru devoir attribuer aux bœufs et aux porcs pour une nourriture de ce genre ne les aurait pas arrêtés, s'ils s'étaient rappelé qu'en

« Il n'y a pas lieu de désespérer des mœurs de notre époque, puisque nos ancêtres ont eu des volières assez considérables pour fournir d'engrais leurs champs.

« Columelle place d'abord la fiente des pigeons, puis celle des poules, et condamne celle des oiseaux nageurs. Les autres auteurs s'accordent à regarder les excréments de l'homme comme l'un des meilleurs engrais. Quelques-uns préfèrent l'urine humaine mêlée aux poils des peaux que l'on travaille dans les tanneries. D'autres emploient l'urine en nature après l'avoir étendue d'assez d'eau pour l'amener au moins au volume de la boisson consommée.

« Tels sont les moyens à l'aide desquels les hommes luttent à l'envi à qui entretiendra le mieux la fertilité du sol.

« Après les engrais fournis par l'homme, on considère comme les meilleurs les excréments du porc. Columelle seul en blâme l'usage.

« D'autres font grand cas du fumier de toute espèce de quadrupède nourri de cytise; quelques-uns lui préfèrent la fiente de pigeons.

« Viennent ensuite les fumiers de chèvres, de moutons, de bœufs, et enfin celui des bêtes de somme.

« Telles sont les différentes opinions des anciens

certains pays les hommes considèrent comme un mets fort recherché des nids d'hirondelles, et que les amateurs d'alouettes et de bécasses préfèrent consommer ces oiseaux avec leurs intestins.

et les préceptes qu'ils ont laissés (à ma connais-
sance) sur l'usage des engrais ; leur ancienneté
même ajoute à leur utilité.

« Varron ajoute à ses autres préceptes celui d'engraisser les terres à blé avec le fumier de cheval,
à cause de sa légèreté ; il dit qu'un fumier plus
lourd, comme celui des bêtes que l'on nourrit
d'orge, convient aux prairies, dans lesquelles il
fait pousser beaucoup d'herbes.

« Il est des personnes qui préfèrent au fumier du
bœuf celui des bêtes de somme ; à celui des chèvres, le fumier de moutons ; enfin à tous, celui de
l'âne, parce que ce dernier animal mâche très-
lentement.

« L'expérience prononce contre chacune de ces
opinions, prise d'une manière trop absolue [1].

1 « Fimi plures differentiæ : ipsa res antiqua. Jam apud Ho-
« merum regius senex agrum ita suis manibus lætificans re-
« peritur.

« Augias rex in Græcia excogitasse traditur ; divulgasse vero
« Hercules in Italia, quæ regi suo Sterculio, Fauni filio, ob hoc
« inventum immortalitatem tribuit.

« M. Varro principatum dat turdorum fimo ex aviariis ; quod
« etiam pabulo boum suumque magnificat ; neque alio cibo
« celerius pinguescere adseverat.

« De nostris moribus bene sperare est, si tanta apud ma-
« jores fuere aviaria ut ex his agri stercorarentur.

« Proximum Columella columbariis, mox gallinariis facit,
« natantium alitum damnato.

« Cæteri auctores consensu humanas dapes ad hoc in primis
« advocant. Alii ex his præferunt hominum potus, in coriario-
« rum officinis pilo madefacto. Alii per sese, aqua iterum lar-
« giusque etiam quam quum bibitur admixta.

Nous voyons que depuis le premier de ces auteurs jusqu'au dernier, il est un grand nombre de points sur lesquels les opinions n'ont pas varié.

Il n'est guère que le fumier de porc et la fiente des oiseaux aquatiques au sujet desquels on aperçoive des variantes, et nous n'en devons pas être trop surpris, puisque, faute de poser la question en termes suffisamment précis, on n'est pas encore aujourd'hui toujours d'accord sur la même question.

Chose remarquable et bien digne de réflexion ! ce sont les deux auteurs les plus anciens qui, d'après les agronomes modernes les plus accrédités, ont le mieux observé et se sont le plus approchés de la vérité.

CHAPITRE V.

DE L'ÉTAT DES CONNAISSANCES DES AGRONOMES ROMAINS SUR LES AMENDEMENTS.

D'après les écrits que nous ont laissés les agronomes romains, nous devons penser que la science

« Hæc sunt certamina, quibus invicem ad tellurem quoque « alendam utuntur homines.

« Proxime spurcitias suum laudant. Columella solus damnat.

« Alii cujuscumque quadrupedis ex cytiso : aliqui colum- « baria præferunt.

« Proximum deinde caprarum est, ab hoc ovium, deinde « boum, novissimum jumentorum.

« Hæ fuere apud priscos differentiæ, simulque præcepta (ut « invenio), re tali utendi, quando et hic vetustas utilior. »

des amendements ne leur était pas étrangère. Ainsi Varron fait dire à Scrofa, l'un des interlocuteurs qu'il met en scène dans son ouvrage :

« Lorsque je commandais dans la Gaule transalpine, j'ai vu des contrées, sur les bords et en deçà du Rhin, où l'on employait comme engrais une sorte de craie blanche que l'on tirait du sein de la terre [1]. »

Nous trouvons aussi, dans l'ouvrage de Columelle, l'indication qui va suivre :

« Si pourtant l'on était dépourvu de toute espèce de fumier, l'on se trouverait bien de faire ce que je me rappelle avoir vu souvent pratiquer par Marcus Columella, mon oncle paternel, agriculteur très-instruit et très-actif. Il mêlait de l'argile aux terrains sablonneux, et du sable aux terres argileuses et trop compactes. Par ce moyen, non-seulement il se préparait d'abondantes récoltes, mais encore il rendait ses vignes magnifiques. Au surplus, il n'était pas d'avis de fumer les vignes, parce que, disait-il, on gâte ainsi la saveur du vin [2]. Ce qu'il regardait comme le meilleur amendement pour augmenter l'abondance des vendanges, c'étaient des terreaux ramassés dans les chemins, dans les haies,

[1] « In Gallia Transalpina, intus ad Rhenum, quum exercitum ducerem, aliquot regiones accessi, ubi agros stercorarent candida fossilia creta. » (*De Re rustica*, lib. I, cap. VII.)

[2] Cette phrase est en opposition avec le passage de Columelle cité dans la page 52.

en un mot, toute espèce de terre transportée [1]. »

Palladius semblait avoir ce chapitre sous les yeux lorsqu'il disait :

« Si vous avez peu d'engrais, vous lui substituerez avec succès de la craie ou de l'argile pour les terres sablonneuses, et du sablon pour les terres crétacées et trop compactes. Cette pratique est même avantageuse pour les récoltes et rend les vignes très-belles; la fumure d'un vignoble, au contraire, a pour effet ordinaire de gâter le bouquet du vin [2]. »

Mais c'est à Pline surtout que nous devons des renseignements un peu étendus sur la pratique des amendements, et plus spécialement du marnage chez les anciens [3]. Voici le chapitre qu'il a consacré à cette importante question, qui fixe chaque jour

[1] « Si tamen nullum genus stercoris suppetet, ei multum « proderit fecisse, quod Marcum Columellam, patruum meum, « doctissimum et diligentissimum agricolam, sæpenumero « usurpasse memoria repeto, ut sabulosis locis cretam inge- « reret; cretosis ac nimium densis sabulum : atque ita non « solum segetes lætas excitaret, verum etiam pulcherrimas vi- « neas efficeret. Nam idem negabat stercus vitibus ingeren- « dum, quod saporem vini corrumperet : melioremque cense- « bat esse materiam vindemiis exuberandis congestitiam vel « de vepribus, vel denique aliam quamlibet arcessitam et ad- « vectam humum. » (Lib. II, cap. xvi.)

[2] « Si lætaminis copia non abundat, hoc pro stercore optime « cedit, ut sabulosis locis cretam, vel argillam spargas, cre- « tosis ac nimium spissis sabulonem. Hoc etiam segetibus « proficit et vineas pulcherrimas reddit : nam lætamen in « vineis saporem vini vitiare consuevit. » (*De Re rustica*. lib. X, cap. i.)

[3] Pline écrivait son ouvrage vers l'an 70 de notre ère.

davantage l'attention des amis du progrès de l'agriculture :

« L'on a trouvé, en Bretagne et dans les Gaules, un moyen d'améliorer la terre avec la terre elle-même. Cette dernière terre, qui passe pour renfermer plus de principes de fécondité, s'appelle *marne*.

« C'est une espèce de graisse de la terre, qui, en s'épaississant, forme des noyaux analogues aux glandes de l'organisme vivant.

« Elle n'était pas inconnue des Grecs, car quelle chose n'ont-ils pas essayée ? Ils donnaient le nom de *leucargile* (argile blanche) à une sorte d'argile blanche employée dans les plaines de Mégare, mais seulement sur les terres humides et froides.

« Comme la marne est une richesse pour les Gaules et pour la Bretagne, elle mérite une mention détaillée. On n'en distinguait autrefois que de deux sortes ; depuis, par suite du progrès de nos connaissances, on en a reconnu un plus grand nombre de variétés. L'on connaît. en effet, la marne blanche, la rousse, la bleuâtre [1], l'argileuse, la tufacée, la sablonneuse. Une marne est grasse ou rude au toucher, car c'est par le toucher qu'on apprécie leurs différences. On les applique tantôt pour favoriser la production du grain, tantôt pour améliorer les prairies.

« La marne blanche tufacée fait prospérer les

---

[1] Mot à mot, la marne de couleur gorge de pigeon.

grains ; lorsqu'elle a été tirée du voisinage d'une source, la terre acquiert, par son emploi, une fertilité extraordinaire. Elle est rude au toucher, et si l'on en répand trop, elle rend le sol brûlant.

« Vient ensuite la marne rousse, que l'on appelle *acaunumarga* (mot à mot, marne sans amertume); menue, arénacée, elle est mêlée de pierres qui se divisent dans le champ même et qui, pendant les premières années, rendent plus difficile la coupe des chaumes.

« Comme cette marne est beaucoup plus légère que les autres, son transport coûte moitié moins. On la sème clair. Elle contient, dit-on, des matières salines.

« Une terre amendée par l'une ou l'autre de ces deux sortes de marne peut donner en abondance, pendant cinquante ans, du grain et du fourrage.

« Parmi les marnes grasses, la blanche est la plus importante ; on en distingue plusieurs variétés. La plus énergique est celle dont nous avons parlé plus haut. L'autre est l'espèce de craie blanche qui sert à polir l'argent. On la tire de puits profonds qui descendent souvent à cent pieds sous terre. Étroits à leur ouverture, ils s'élargissent en galeries comme celles qui servent à l'extraction des minerais métalliques. C'est celle-là surtout que l'on emploie en Bretagne. Elle dure quatre-vingts ans, et il n'est point d'exemple que le même homme en ait répandu deux fois dans le même champ.

« La troisième variété blanche est connue sous le

nom de *glyssomarga* (marne douce) ; c'est une espèce de terre à foulon mêlée de terre grasse, meilleure pour les prairies que pour les terres à blé ;
elle y fait pousser, depuis l'époque de la moisson
jusqu'à celle des semailles, une vigoureuse récolte
de nouvelle herbe. Mise dans les terres à grain,
elle n'y fait pousser aucune autre herbe. Ses effets
se font sentir pendant trente ans. Mise en trop forte
proportion, elle encroûterait le sol comme la pâte
de *signinum* [1].

« La marne bleuâtre, *glecopata* (chatoyante, mot
à mot, semblable à l'opale) dans l'idiome gaulois,
se tire par blocs à la manière des pierres ; par les
effets du soleil et de la gelée, elle se divsse en feuil-
lets d'une ténuité extrême. Les herbes et les graines
s'en accommodent également bien.

« A défaut de toute autre, on emploie la marne
sablonneuse ; toutefois, on la préfère à toutes les
autres pour les sols marécageux.

« Seuls de tous les peuples que je connais, le
Ubiens [2], qui cultivent un territoire extrêmement
fertile, le bonifient avec une terre quelconque tirée
à trois pieds sous le sol, et qu'ils disposent en couches d'une faible épaisseur ; mais l'effet de cet
amendement ne se fait pas sentir au delà de
dix années.

« Tout marnage doit être fait sur un sol préparé

[1] Cette pâte se préparait avec un mélange de chaux éteinte
et de vieille poterie pulvérisée.
[2] Peuple ancien des environs de Trèves.

par un labour, pour que l'amendement s'y incorpore
facilement. Il faut y joindre un peu de fumier, surtout si la marne est maigre au toucher et si elle
n'est pas répandue sur des herbages ; autrement, la
marne, quelle qu'elle soit, exercera dans sa nou-
veauté un fâcheux effet sur le sol, qui ne recouvre-
rait même pas sa fertilité après une année entière.

« Il est important aussi de tenir compte de la
nature du sol. La marne sèche est préférable pour
une terre humide, la marne grasse pour un sol
aride. Un sol intermédiaire s'accommodera de la
marne crétacée ou de la marne bleuâtre [1]. »

[1] « Alia est ratio, quam Britannia et Gallia invenere alendi
« terram ipsa : quòd genus vocant *margam*. Spissior ubertas
« in ea intelligitur.

« Est autem quidam terræ adeps, ac velut glandia in corpo-
« ribus, ibi densante se pinguitudinis nucleo.

« Non omisere et hoc Græci : quid enim intentatum illis ?
« *Leucargillam* vocant candidam argillam, qua in Megarico
« agro utuntur, sed tantum in humida frigidaque terra.

« Illam Gallias Britanniasque locupletantem cum cura dici
« convenit. Duo genera fuerant. Plura nuper exerceri cœpta
« proficientibus ingeniis. Est enim alba, rufa, columbina, ar-
« gillacea, tofacea, arenacea. Natura duplex : aspera, aut pin-
« guis. Experimenta utriusque in manus : ususque geminus
« aut ut fruges tantum alant, aut edant et pabulum.

« Fruges alit tofacea alba quæ, si inter fontes reperta sit,
« est ad infinitum fertilis ; verum aspera tractatu, et si nimis
« injecta est, exurit solum.

« Proxima est rufa, quæ vocatur *acaunumarga*, intermixto
« lapide terræ minutæ, arenosæ. Lapis contunditur in ipso
« campo : primisque annis stipula difficulter cæditur propter
« lapides.

« Impendio tamen minimo levitate, dimidio minoris quam

Nous avons déjà parlé plusieurs fois de l'usage que les Romains faisaient de la chaux en agriculture ; les fragments que nous allons citer nous montreront qu'à cette époque l'emploi de la chaux,

« cæteræ, invehitur. Inspergitur rara : sale eam misceri pu-
« tant. Utrumque hoc genus semel injectum in quinquaginta
« annos valet, et frugum et pabuli ubertate.

« Quæ pingues esse sentiuntur, ex his præcipua alba. Plura
« ejus genera. Mordacissimum, quod supra diximus. Alterum
« genus albæ cretæ argentaria est. Petitur ex alto, in centenos
« pedes actis plerumque puteis, ore angustatis ; intus, ut in
« metallis, spatiante vena.

« Hac maxime Britannia utitur. Durat annis LXXX. Neque
« est exemplum ullius qui bis in vita hanc eidem injecerit.

« Tertium genus candidæ *glyssomargam* vocant. Est autem
« creta fullonia mixta pingui terra, pabuli quam frugum fer-
« tilior ; ita ut messe sublata ante sementem alteram lætissi-
« mum secetur. Dum in fruge est, nullum aliud gramen
« emittit. Durat XXX annis. Densior justo, signini modo stran-
« gulat solum.

« Columbinam Galliæ suo nomine *glecopalam* appellant :
« glebis excitatur lapidum modo ; sole et gelatione ita solvitur,
« ut tennissimas bracteas faciat. Hæc ex æquo fertilis.

« Arenacea utuntur, si alia non sit : in uliginosis vero et si
« alia sit.

« Ubios gentium solos novimus, qui fertilissimum agrum co-
« lentes, quacumque terra infra tres pedes effosa, et pedali
« crassitudine injecta lætificent. Sed ea non diutius annis X
« prodest.

« Omnis autem marga arato injicienda est, ut medicamen-
« tum facile rapiatur. Et fimi desiderat aliquantulum, quæ
« primo plus aspera, et quæ in herbas non effunditur : alio-
« qui novitate, quæcumque fuerit, solum lædet, ne sic quidem
« primo post anno fertilis.

« Interest et quali solo quæratur. Sicca enim humido melior,
« arido pinguis. Temperato alterutra, creta vel columbina,
« convenit. » (Plinii lib. XVII, cap. iv.)

4.

moins général qu'aujourd'hui, c'est vrai, avait cependant acquis déjà quelque importance.

Nous lisons dans Columelle, outre les citations que nous avons déjà faites, les lignes suivantes :

« Quelquefois aussi, par un vice du sol, les oliviers refusent de donner des fruits. Voici comment on peut y porter remède : on déchaussera les arbres au moyen de grands trous circulaires ; ensuite, suivant la grandeur de l'olivier, on l'entourera d'une plus ou moins grande quantité de chaux ; toutefois, le plus petit en demande un modius *(environ 9 ou 10 litres)* [1]. »

Le renseignement suivant, fourni par Pline, indique un emploi sur une plus grande échelle :

« Les Éduens et les Pictons [2] ont rendu leurs champs très-fertiles par l'usage de la chaux. On a trouvé aussi que cette substance est excellente pour les oliviers et pour la vigne [3]. »

Les brûlis, dont on a dit, depuis bien longtemps, tant de bien et tant de mal, qui ont eu tant d'admirateurs et tant de détracteurs, également fondés, peut-être, dans leur opinion, si elle n'eût été géné-

---

[1] « Solent etiam vitio soli fructum oleæ negare : cui rei sic « medebimur : altis gyris ablaqueabimus eas, deinde calcis « pro magnitudine arboris plus minusve circumdabimus : sed « minima arbor modium postulat. » (Lib. V, cap. ix.)

[2] Les *Ædui* habitaient les environs d'Autun ; les *Pictones* étaient les anciens habitants du Poitou.

[3] « Ædui et Pictones calce uberrimos fecere agros : quæ « sane et oleis et vitibus utilissima reperitur. » (Lib. XVII, cap, iv.)

ralisée à l'extrême (car nous cédons trop souvent, comme les enfants, au penchant qui nous entraîne à tout généraliser); les brûlis étaient assez souvent pratiqués chez les anciens. Ainsi nous lisons, dans l'admirable chef-d'œuvre des *Géorgiques* de Virgile (livre Ier) :

« Souvent aussi l'on a pu avec avantage brûler les champs stériles et livrer le chaume léger à la flamme petillante ; soit que cette pratique communique à la terre une force secrète et une nouvelle abondance de principes nutritifs ; soit que le feu purifie le sol et en expulse l'humidité superflue ; soit que cette chaleur ouvre les pores et les canaux invisibles qui portent la séve aux herbes naissantes ; soit qu'il donne au sol plus de consistance en resserrant ses veines trop ouvertes, et en ferme l'entrée aux pluies, aux rayons brûlants du soleil, au souffle glacé de *Borée* [1]. »

Pline avait entrevu encore un autre effet de ces brûlis, la destruction des mauvaises graines, car il dit :

> Sæpe etiam steriles incendere profuit agros,
> Atque levem stipulam crepitantibus urere flammis ;
> Sive inde occultas vires et pabula terræ
> Pinguia concipiunt, sive illis omne per ignem
> Excoquitur vitium, atque exsudat inutilis humor ;
> Seu plures calor ille vias et cæca relaxat
> Spiramenta, novas veniat quas succus in herbas :
> Seu durat magis, et venas astringit hiantes,
> Ne tenues pluviæ, rapidive potentia solis
> Acrior, aut Boreæ penetrabile frigus adurat.

« Il est des personnes qui brûlent les chaumes dans leurs champs, à la grande satisfaction de Virgile. La principale raison de cette pratique, est qu'on veut brûler les graines des mauvaises herbes [1]. »

Pline aurait pu ajouter que *l'on brûle en même temps les œufs ou les larves de beaucoup d'insectes qui font au pied de ces chaumes leur séjour d'hiver*.

Le brûlis des pâturages devait aussi être fréquemment pratiqué dans ces temps anciens, puisque *Palladius*, en détaillant les travaux du mois d'août, s'exprime ainsi :

« C'est maintenant qu'on doit mettre le feu aux pâturages afin de réduire à leurs souches les brins trop montés, et pour faire succéder à ces tiges desséchées que l'on brûle une végétation nouvelle et vigoureuse [2]. »

Le *drainage*, si fort préconisé de nos jours, avait déjà été étudié aussi et pratiqué par les agronomes de l'antiquité, puisque Columelle dit :

« Là où l'humidité ou tout autre fléau de ce genre fait périr les récoltes,... on a *depuis très-longtemps* l'habitude d'en faire écouler toute l'eau nuisible au

---

[1] « Sunt qui accendunt in arvo et stipulas magno Virgilii
« præconio. Summa autem ejus ratio, ut herbarum semina
« exurant. » (Lib. XVII, cap. LXXII.)

[2] « Nunc urenda sunt pascua, ut et aliorum fruticum festi-
« natio reprimatur ad stirpes, et incensis aridis nova lætius
« succedant. » (Lib. IX, cap. VI.)

moyen de rigoles[1]; sans cette précaution, les autres remèdes seraient inefficaces[1]. »

Ailleurs, Columelle indique la manière de disposer ces rigoles de desséchement :

« Si le sol que vous voulez mettre en culture, dit-il, est trop humide, vous commencerez par le dessécher au moyen de rigoles.

« Nous connaissons deux sortes de rigoles : celles qui sont cachées, celles qui sont à ciel ouvert.

« Dans les terrains compactes et argileux, on préfère ces dernières ; mais partout où la terre est moins tenace, on creuse quelques rigoles à ciel ouvert, et les autres sont recouvertes, mais disposées de telle manière que leurs ouvertures convergent vers les fossés creusés à ciel ouvert. Les saignées faites à découvert seront plus ouvertes à leur partie supérieure qu'à leur fond, vers lequel la pente sera inclinée, et elles présenteront l'apparence concave d'une tuile renversée[2], car si leurs côtés étaient verticalement taillées, elles seraient bientôt dégradées par les eaux et se combleraient par les éboulements du sol supérieur.

« Pour la construction des rigoles couvertes, on

---

[1] « Ubi vel uligo, vel aliqua ejusmodi pestis segetes enecat.. « antiquissimum est omnem inde humorem, facto sulco, de- « ducere ; aliter vana erunt alia remedia. » (Lib. II, cap. ix.)

[2] Les tuiles dont il est ici question sont les tuiles en forme de gouttière, encore employées dans le Midi, et dont nous ne nous servons guère que comme de faîtières dans nos départements septentrionaux.

creuse une sorte de sillon de *trois pieds* de profondeur ; quand on l'a rempli à moitié avec des petites pierres ou du gravier pur, on achève de le combler avec la terre qui en avait été extraite. Si l'on n'avait à sa disposition ni pierres ni gravier, on ferait, avec des sarments, une espèce de câble (fascine) assez gros pour occuper tout le fond du fossé, qui en est la partie la plus étroite, et dans laquelle on l'ajustera et le comprimera.

« Alors on recouvrira cette fascine avec des ramilles de cyprès ou de pin, ou, à leur défaut, avec des feuillages quelconques que l'on pressera fortement avec les pieds et que l'on recouvrira de terre. On aura soin d'établir, aux deux extrémités de la rigole, des espèces de petits ponceaux formés par deux pierres servant de piles et recouvertes par une troisième pierre. Cette construction soutiendra les bords et empêchera les obstructions que pourraient occasionner la chute ou la sortie des eaux [1]. »

---

[1] « Si humidus erit locus colendus, abundantia uliginis ante
« siccetur fossis.

« Earum duo genera cognovimus, cæcarum et patentium.
« Spissis atque cretosis regionibus apertæ relinquuntur ; at
« ubi solutior humus est, aliquæ fiunt patentes, quædam etiam
« obcæcantur, ita ut in patentes ora hiantia cæcarum compe-
« tant : sed et patentes latius, et apertas summa parte, decli-
« vesque, et ad solum coarctatas, imbricibus supinis similes
« facere conveniet ; nam quarum recta sunt latera, celeriter
« aquis vitiantur et superioris soli lapsibus replentur. Opertæ
« rursus obcæcari debebunt, sulcis in altitudinem trepida-
« neam depressis : qui, quum parte dimidia lapides minutos,
« vel nudam glaream receperint, æquentur superjecta terra

La lecture des chapitres que Columelle a consacrés à la formation et à l'entretien des prairies nous montrera que la pratique des irrigations ne lui était pas non plus inconnue. Nous citerons entre autres le passage suivant :

« Dans un terrain soit compacte, soit léger, l'on peut, bien qu'il soit maigre, établir un pré, *pourvu qu'on ait la faculté de l'arroser* ; mais il ne doit pas être situé dans un bas-fond ni sur une pente rapide : dans le premier cas, il retiendrait trop longtemps l'eau qui s'y amasse ; dans le second, l'eau s'en précipiterait trop rapidement. Toutefois, sur une pente douce, on peut créer un pré, si le terrain est gras ou *facile à arroser*. Mais une terre plane, surtout, est excellente pour cet objet, lorsque sa pente légère ne permet pas aux eaux pluviales d'y séjourner longtemps et ne retient pas trop les eaux des rigoles qui s'y déchargent ; en un mot, lorsqu'elle permet l'écoulement lent, mais régulier, des eaux qu'elle peut recevoir.

« En conséquence, si vous y trouvez quelques

« quæ fuerat effossa; vel si nec lapis erit nec glarea, sarmentis
« connexus velut funis informabitur in eam crassitudinem
« quam solum fossæ possit angustæ quasi accommodatum
« coarctumque capere. Tum per imum contendetur, ut super
« calcatis cupressinis vel pineis, aut si eæ non erunt, aliis
« frondibus terra contegatur ; in principio atque exitu fossæ
« more ponticulorum binis saxis tantummodo pilarum vice
« constitutis, et singulis superpositis, ut ejusmodi constructio
« ripam sustineat, ne præcludatur humoris illapsu atque
« exitu. » (Lib. II, cap. ii.)

parties marécageuses et retenant des eaux stagnantes, il faut faire écouler ces dernières par des rigoles ; car la surabondance des eaux n'est pas moins préjudiciable aux herbes que sa pénurie [1]. »

Si je ne craignais pas de sortir de mon sujet, je montrerais que l'emploi des liqueurs prolifiques, vantées pendant ces dernières années sous le nom d'engrais concentrés, n'est lui-même qu'une imitation de pratiques déjà connues des anciens, puisque Virgile, dans le premier livre de ses *Géorgiques,* s'exprime ainsi :

> Semina vidi equidem multos medicare serentes,
> Et nitro prius et nigra perfundere amurca,
> Grandior ut fœtus siliquis fallacibus esset.

« J'ai vu bien des cultivateurs préparer leurs semences en les trempant dans de l'eau nitrée, puis dans de la noire lie d'huile, afin que les graines devinssent plus grosses dans leurs siliques trompeuses [2]. »

---

[1] Je m'occupe depuis longtemps de rassembler tous les documents relatifs à l'emploi des liqueurs prolifiques avant le XIXe siècle.

[2] « In densa et resoluta humo, quamvis exili, pratum fieri « potest, quum facultas irrigandi datur. Ac nec campus con- « cavæ positionis esse, neque collis præruptæ debet : ille, ne « collectam diutius contineat aquam ; hic, ne statim præcipi- « tem fundat. Potest tamen mediocriter acclivis, si aut pinguis « est, aut riguus ager, pratum fieri. At planities maxime talis « probatur, quæ exigue prona non patitur diutius imbres, aut « influentes rivos, immorari, aut si quis eam supervenit humor, « lente prorepit. Itaque si palus in aliqua parte subsidens « restagnat, sulcis derivanda est ; quippe aquarum abundantia « atque penuria graminibus æque est exitio. » (Lib. II, cap. xvii.)

En résumé, les Romains paraissent avoir connu et employé comme engrais presque toutes les matières recommandées par les agronomes les plus habiles des temps modernes.

Ils devaient attacher une grande valeur aux engrais qui peuvent se retirer des grandes villes, puisque celui que l'on retirait des cloaques de Rome fut une fois vendu plus de 2 millions de notre monnaie actuelle.

Quant aux soins à donner à la préparation de la plupart de ces engrais, nous aurions, même aujourd'hui, bien peu de chose à apprendre à des agronomes tels que Varron et Columelle. Ils pourraient même, au contraire, donner sur ce point d'utiles leçons à la plupart des cultivateurs de nos jours. Combien, parmi ces derniers, pourraient se vanter de ne pas mériter aux yeux de Columelle le reproche de négligents, et lui montrer 7 à 8 dixièmes de mètre cube de fumier par tête de menu bétail et par mois, 7 à 8 mètres cubes par tête de gros bétail et autant pour chacun des habitants de la ferme ?

Posons des chiffres. Une ferme est habitée par huit personnes adultes (sans compter les enfants et les étrangers visiteurs ou employés pour peu de temps) ; elle a 12 vaches, 5 chevaux, 2 porcs, 400 moutons (nous ne compterons ni les veaux, ni les agneaux). Elle devrait produire *mensuellement* de 455 à 520 mètres cubes de fumier, c'est-à-dire de quoi fumer plus de 10 à 11 hectares et demi à raison de 45 mètres cubes, ou plus de 139 hectares chaque année, pour que son chef ne pût encourir, d'après Columelle, un reproche de négligence.

Si, dans notre siècle de progrès, mais aussi de grande présomption, ce minimum de production était mis au concours, trouverait-on beaucoup de concurrents ?

La lecture des fragments relatifs aux fumures adoptées par les Romains nous apprend que ces fumures étaient beaucoup plus fortes que les nôtres. Seulement nos agronomes modernes ne sont plus d'accord avec les anciens relativement à l'âge que doit avoir le meilleur fumier au moment de son emploi. Les agronomes romains pensaient que le fumier devrait être conservé au moins un an avant d'être employé ; l'on pense généralement aujourd'hui qu'il ne faut pas attendre aussi longtemps pour en faire usage. Cependant les anciens avaient déjà reconnu que, passé un certain terme, plus le fumier vieillit, moins il a d'énergie et d'efficacité.

Le désaccord que nous signalions entre les anciens et les modernes ne doit pas trop nous surprendre, car nous savons que la manière dont le fumier est préparé, ainsi que les éléments dont il se compose exercent une assez grande influence sur le temps nécessaire pour opérer le commencement de désagrégation que l'on cherche à obtenir dans la confection des fumiers.

La plupart des conseils que nous donnent les maîtres du temps que j'ai cherché à rappeler dans cette revue, relativement aux soins donnés à l'épandage et à l'enfouissement des fumiers, sont encore journellement répétés de notre temps.

Sur les questions qui concernent la valeur relative des engrais de diverse nature, les opinions des anciens sont à peu près unanimes et s'accordent avec celles de nos praticiens modernes ; il n'y a guère qu'au sujet du fumier de porc et de la fiente des oiseaux aquatiques, que les avis soient divergents ; n'en soyons pas surpris, car nous ne sommes pas beaucoup plus avancés aujourd'hui.

C'est tout au plus si, par exemple, les agronomes modernes les plus distingués osent conseiller comme engrais la fiente des oies, qu'on se garde cependant bien de laisser perdre dans les pays où l'on élève et où l'on engraisse ces oiseaux en grand nombre. Le succès obtenu par les diverses sortes de guano ne permet plus, d'ailleurs, de répéter *à priori* les sentences réprobatives prononcées contre la fiente des oiseaux aquatiques, sentences transmises de génération en génération, d'après des observations imparfaites sans aucun doute[1].

[1] Ce que j'ai vu faire de mieux pour tirer parti de la fiente des oies dans le Gatinais, l'un des pays de France où l'engraissement de ces volailles se fait sur la plus grande échelle, c'est de leur faire de fréquentes litières de paille, en ayant soin d'arroser la masse du fumier assez abondamment avant chaque nouvelle addition de litière. De cette manière, les oies sont maintenues constamment dans un état convenable de propreté, et l'on obtient en peu de temps une quantité assez considérable d'un fumier extrêmement énergique.

Nous avons pu observer que la fiente des oiseaux de volière avait, pour l'agriculture romaine, une importance plus grande que, de nos jours, pour notre agriculture française. La raison de cette différence est facile à concevoir : aujourd'hui, la stricte application des lois de police rurale, en augmentant les charges des propriétaires de pigeons de volière, tend à les faire disparaître de nos colombiers. Depuis une vingtaine d'années surtout, cette dépopulation a fait de rapides progrès. Au contraire, dans les derniers temps de la république romaine et au commencement de l'empire, on voyait des volières peuplées d'une manière presque fabuleuse.

Il n'était pas rare alors de trouver, dans les environs des grandes villes, dans les environs de Rome surtout, des volières contenant cinq à six mille pigeons ou pareil nombre d'autres oiseaux, tels que grives, merles, cailles, perdrix, etc., dont l'éducation et l'engraissement étaient très-lucratifs.

Les grives, particulièrement, rapportaient d'énormes bénéfices à ceux qui pouvaient ainsi les fournir, hors de leur saison ordinaire, aux tables somptueuses des Lucullus de ce temps-là, et ils étaient nombreux.

Si les fosses à purin n'étaient pas encore usitées, l'on n'en comprenait pas moins déjà l'importance de ne pas perdre les sucs qui pouvaient s'écouler des fumiers, puisque Palladius disait expressément :

« Le jardin devra être tout près et en contre-bas

du tas de fumier, *dont les sucs le fertiliseront naturellement*[1]. »

Enfin nous avons vu les brûlis, le marnage, le
chaulage et même le drainage connus et pratiqués
dans ces temps reculés, dont je me suis efforcé de
tracer une faible esquisse au point de vue spécial
qui nous occupe.

[1] « Hortus sit sterquilinio maxime subjectus, cujus cum suc-
« cus sponte fecundet. » (Lib. I, cap. xxxiv.)

DEUXIÈME PARTIE

**Prés naturels, prairies artificielles, plantes fourra-
gères diverses, ou parties de plantes utilisées
pour l'alimentation des animaux.**

CHAPITRE PREMIER.

DES PRÉS NATURELS. — DES MEILLEURES CONDITIONS POUR LEUR
ÉTABLISSEMENT. — LEUR ENTRETIEN. — LA RÉCOLTE DE LEURS
PRODUITS.

On se tromperait étrangement si l'on pensait
que, chez les anciens, le soin de la formation et de
l'entretien des prairies naturelles était entièrement
abandonné à la nature. Il suffit de lire, dans Columelle, le chapitre que cet illustre agronome consacre à cette partie de l'agriculture, pour se con-
vaincre de l'importance qu'on lui attribuait de son
temps. Je cite textuellement, sans addition ni omis-
sion:

Livre II, chap. XVII. — *A quelles conditions on peut convertir en pré une terre en labour* [1].

« Le cultivateur pourra conduire à bien son entreprise, s'il fait provision non-seulement des autres espèces de fourrages, mais aussi d'une abondante quantité de foin, afin de mieux entretenir ses animaux, sans lesquels il est difficile de faire valoir avantageusement une terre. Il devra donc s'adonner à la culture des prés, genre de propriétés que les anciens Romains mettaient au-dessus des autres. Aussi leur avaient-ils donné le nom de *prata*, parce qu'ils sont bientôt préparés (parata, *prêts*), n'exigeant pas un long travail. P. Caton a fait aussi l'éloge des prés, parce qu'ils n'ont pas à souffrir des tempêtes comme les autres parties d'une exploitation rurale ; parce que, sans exiger de dépenses, ils ne donnent pas, chaque année, qu'un seul genre de revenu, en ce sens qu'ils ne rendent pas moins en pâturage qu'en foin.

[1] *Quemadmodum ex arvo prata fiunt.*

« Hæc arator exsequi poterit, si non solum alia genera pa-
« bulorum providerit, verum etiam copiam fœni, quo melius
« armenta tueatur, sine quibus terram commode moliri diffi-
« cile est : et ideo necessarius ei cultus est etiam prati, cui ve-
« teres Romani primas in agricolatione tribuerunt. Nomen
« quoque indiderunt ab eo quod protinus esset paratum, nec
« magnum laborem desideraret. M. etiam Porcius et illa com-
« memoravit, quod nec tempestatibus affligeretur, ut aliæ
« partes ruris, minimique sumptus egens, per omnes annos
« præberet reditum, neque eum simplicem, quum etiam in
« pabulo non minus redderet, quam in fœno. Ejus igitur ani-

« Il y a deux genres de prés : les prés secs et les prés arrosables. Quand le terrain est gras et fertile, il n'a pas besoin d'être arrosé, et l'on considère le foin qui croît naturellement sur un sol plein de séve, comme préférable à celui qu'on n'obtient que par des irrigations réitérées, qui deviennent cependant nécessaires quand une terre maigre réclame de l'eau. Qu'un terrain soit compacte ou léger, on peut, quoiqu'il soit maigre, y établir un pré, pourvu qu'on ait la faculté de l'arroser ; mais ce terrain ne doit pas être situé dans une vallée profonde, ni sur un coteau rapide ; dans le premier cas, il retiendrait trop longtemps l'eau qui s'y amasse ; dans le second, l'eau s'en précipiterait trop vite. Toutefois, sur une pente douce, on peut encore établir un pré, si le terrain est gras ou facile à arroser ; mais c'est une plaine surtout qui se recommande pour cet objet, quand sa pente légère ne permet pas aux eaux pluviales ni aux eaux d'irrigation de s'y

« madvertimus duo genera, quorum alterum est siccaneum,
« alterum riguum. Læto pinguique campo non desideratur
« influens rivus, meliusque habetur fœnum, quod suapte na-
« tura succoso gignitur solo, quam quod irrigatum aquis elici-
« tur, quæ tamen sunt necessariæ, si macies terræ postulat ;
« nam et in densa et resoluta humo, quamvis exili, pratum fieri
« potest, quum facultas irrigandi datur. Ac nec campus con-
« cavæ positionis esse, neque collis præruptæ debet : ille, ne
« collectam diutius contineat aquam ; hic, ne statim præcipi-
« tem fundat. Potest tamen mediocriter acclivis, si aut pin-
« guis est, aut riguus ager, pratum fieri. At planities maxime
« talis probatur, quo exigue prona non patitur diutius
« imbres, aut influentes rivos immorari ; aut si quis eam

arrêter trop longtemps ; en un mot, lorsqu'il s'y opère un écoulement lent et régulier des eaux qui peuvent y survenir. S'y trouve-t-il, dans quelques parties, des eaux croupissantes, il faut les faire écouler par des rigoles ; car la surabondance des eaux n'est pas moins préjudiciable aux herbes que la trop grande sécheresse. »

Dans un chapitre suivant, Columelle explique et énumère ainsi les soins d'entretien que réclament les prairies naturelles :

Liv. II, chap. XVIII. — *Comment on entretient les prés établis*[1].

« La culture des prés demande plus de soin que de travail. Il faut d'abord n'y laisser subsister ni souches, ni épines, ni plantes d'une végétation trop vigoureuse. Vous en extirperez donc avant l'hiver et pendant l'automne les ronces, les broussailles, les joncs ; au printemps, vous arracherez les chicorées sauvages et les plantes épineuses qui ne se développent qu'au solstice. Nous ne voulons

« supervenit humor, lente prorepit. Itaque si palus in
« aliqua parte subsidens restagnat, sulcis derivanda est ;
« quippe aquarum abundantia atque penuria graminibus æque
« est exitio. »

[1] « Cultus autem pratorum magis curæ quam laboris est.
« Primum, ne stirpes aut spinas validiorisque incrementi
« herbas inesse patiamur ; atque alias ante hiemem et per
« autumnum exstirpemus, ut rubos, virgulta, juncos ; alias
« per ver evellamus ut intuba ac solsticiales spinas ; ac ne-
« que suem velimus impasci, quoniam rostro suffodiat et

pas non plus que le porc aille y chercher sa pâture, parce qu'avec son groin il fouille et arrache les gazons ; ni qu'on y introduise les grands animaux quand le sol n'est pas très-sec, parce qu'en y enfonçant leurs pieds ils écrasent et brisent les racines de l'herbe. De plus, au mois de février, pendant que la lune est dans son croissant, il faut, avec du fumier, venir en aide aux terrains maigres et inclinés. Toutes les pierres, tout ce qui peut faire obstacle à la faux, doit être enlevé tôt ou tard et porté ailleurs, suivant la nature des lieux. Certains prés finissent à la longue par se couvrir d'une mousse vieille ou touffue ; les cultivateurs ont coutume d'y porter remède en y semant des graines balayées dans les fenils, ou en y répandant du fumier ; mais aucun de ces moyens ne produit un aussi bon effet qu'un fréquent emploi de la cendre ; cette substance tue la mousse. Toutefois, ces re-

« cæspites excitet ; neque pecora majora, nisi quum siccis-
« simum solum est, quoniam demergunt ungulas et atterunt
« scinduntque radices herbarum. Tum deinde macriora et
« pendula loca mense februario, luna crescente, fimo juvenda
« sunt ; omnesque lapides, et si qua objacent falcibus obnoxia,
« colligi debent, ac longius exportari, submittique pro na-
« tura locorum, aut temporius, aut serius. Sunt autem quæ-
« dam prata situ vetustatis obducta, veteri vel crasso musco ;
« quibus mederi solent agricolæ seminibus de tabulato sur-
« perjectis, vel ingesto stercore ; quorum neutrum tantum
« prodest, quantum si cinerem sæpius ingeras : ea res mus-
« cum enecat. Attamen pigriora sunt ista remedia, quum sit
« efficacissimum de integro locum exarere ; sin autem nova
« fuerint instituenda, vel antiqua renovanda (nam multa sunt

mèdes n'agissent que très-lentement, et il est souvent préférable de labourer en entier la place infestée.

« Lorsqu'on veut rétablir à nouveau des prés, ou qu'on se propose de renouveler ceux qui sont devenus trop vieux (et, je le répète, beaucoup n'ont vieilli et ne sont devenus stériles que par négligence), il est avantageux de les mettre pendant quelque temps en culture pour y faire du blé, parce qu'une telle terre, après un long repos, produit d'abondantes moissons.

« Le terrain dont nous voulons faire un pré sera d'abord soumis en été à un premier labour, puis à plusieurs autres pendant l'automne ; et alors on y sèmera des raves, des navets, ou même des fèves ; l'année suivante, du froment. La troisième année, il sera labouré avec soin, et toutes les grandes herbes, les ronces et les pousses d'arbres qui s'y trouveront seront extirpées à fond, à moins qu'on ne soit retenu par l'espoir des fruits que les

« ut dixi, quæ negligentia exolescant, et fiant sterilia), ea expe-
« dit interdum etiam frumenti causa exarare, quia talis ager
« post longam desidiam lætas segetes affert.

« Igitur eum locum, quem prata destinaverimus, æstate pro-
« scissum subactumque sæpius per autumnum napis, vel napis,
« etiam faba conseremus ; insequente deinde anno, frumento ;
« tertio diligenter arabimus, omnesque validiores herbas, et ru-
« bos, et arbores, quæ interveniunt, radicitus exstirpabimus, nisi
« si fructus arbusti id facere nos prohibuerit ; deinde viciam
« permixtam seminibus fœni seremus ; tum glæbas sarculis re-
« solvemus, et inducta crate coæquabimus, grumosque, quos
« ad versuram plerumque tractæ faciunt crates, dissipabi-
« mus, ita ut necubi ferramentum fœnisecæ possit offendere.

arbustes pourraient promettre. On y sèmera ensuite de la vesce mêlée avec de la graine de foin ; les mottes seront brisées avec le sarcloir ; on aplanira le terrain en y faisant passer la herse, et les mottes, qu'en tournant cet instrument amasse assez souvent au bout des sillons , seront tellement émiettées qu'il n'en reste rien qui puisse faire obstacle au fer de la faux. Quant à la vesce, il ne faut pas la couper avant qu'elle ne soit parvenue à parfaite maturité, et qu'elle ait jeté un peu de sa graine sur le sol. C'est alors qu'il faudra faucher, lier en bottes et enlever le fourrage coupé ; on arrosera ensuite si l'on a de l'eau à proximité, si toutefois la terre est compacte ; car, en terre meuble, il n'est pas bon d'amener beaucoup d'eau avant que le sol ne soit affermi et consolidé par l'herbe, parce que l'eau, dans la rapidité de son cours, délaye la terre, et, mettant à nu les jeunes racines, les empêche de se nourrir. C'est par un motif semblable qu'il ne faut pas introduire les troupeaux dans les prés nouveaux et faciles à défoncer, mais se borner à en

« Sed eam viciam non convenit ante desecare, quam perma-
« turuerit, et aliqua semina subjacenti solo jecerit. Tum fœni-
« secam messorem oportet inducere, et deseclam herbam re-
« ligare et exportare, deinde locum rigare, si fuerit facultas
« aquæ, si tamen terra densior est ; nam in resoluta humo
« non expedit inducere majorem vim rivorum, priusquam
« conspissatum et herbis colligatum sit solum ; quoniam im-
« petus aquarum proluit terram nudatisque radicibus gra-
« mina non patitur coalescere ; propter quod nec pecora qui-
« dem oportet teneris adhuc et subsidentibus pratis immittere,

faucher l'herbe dès qu'elle aura atteint une cer-
taine hauteur ; car, ainsi que je l'ai déjà dit, les bestiaux enfoncent la corne de leurs pieds dans la
terre molle, et ne permettent pas aux racines qu'ils
brisent de s'étendre et de s'affermir. Pourtant,
l'année suivante, nous permettons au menu bétail
d'y entrer après l'enlèvement du foin, pourvu que
le sol soit assez sec et de nature à n'en pas souffrir.
Enfin, la troisième année, lorsque le pré sera devenu plus solide et plus ferme, il pourra recevoir les grands bestiaux. En général, on aura
soin, lorsque le Favonius (vent d'ouest) commence
à souffler, vers le milieu de février, de répandre
sur les parties faibles, et principalement sur les
parties élevées, du fumier mêlé avec de la graine
de foin ; car les points élevés fournissent des principes fertilisants aux parties qui sont placées au-
dessous, lorsqu'une pluie ou l'eau d'une rigole arti-
ficielle entraînent sur ces parties basses les sucs du
fumier. C'est pourquoi les agriculteurs un peu

« sed quoties herba prosiluerit, falcibus desecare ; nam pe-
« cudes, ut ante jam dixi, molli solo infigunt ungulas, atque
« interruptas non sinunt herbarum radices serpere et conden-
« sare. Altero tamen anno minora pecora post fœnisicia per-
« mittemus admitti, si modo siccitas et conditio loci patietur.
« Tertio deinde, quum pratum solidius ac durius erit, poterit
« etiam majores recipere pecudes. Sed in totum curandum
« est, ut secundum Favonii exortum, mense februario, circa
« idus, immixtis seminibus fœni, macriora loca, et utique
« celsiora, stercorentur ; nam editior clivus præbet etiam
« subjectis alimentum, quum superveniens imber, aut manu
« rivus perductus, succum stercoris in inferiorem partem

expérimentés fument plus largement les collines que les vallées, même dans les terres labourées, parce que, je l'ai déjà dit, les pluies entraînent toujours vers les parties basses la partie la plus substantielle des engrais. »

Après avoir insisté sur les soins à donner aux prairies naturelles, Columelle décrit en ces termes, dans le chapitre suivant, les opérations relatives à la récoltes des foins.

Livre II, chap. xix. — *Comment le foin coupé doit être traité et serré* [1].

« On doit choisir, pour couper le foin, le moment où il n'est point encore desséché ; car, outre qu'alors il est plus abondant, il fournit encore aux bestiaux une nourriture plus agréable. Il y a une juste mesure à observer pour sécher le foin ; il ne doit être serré ni trop sec, ni trop vert. Dans le premier cas, ayant perdu tous ses sucs, il n'est propre qu'à faire de la litière ; dans le second cas,

---

« secum trahit. Atque ideo fere prudentes agricolæ, etiam in
« aratis, collem magis quam vallem stercorant, quoniam, ut
« dixi, pluviæ semper omnem pinguiorem materiam in ima
« deducunt. »

[1] « *Quemadmodum succisum fœnum tractari et condi debeat.*

« Fœnum autem demetitur optime antequam inarescat; nam
« et largius percipitur, et jucundiorem cibum pecudibus
« præbet. Est autem modus in siccando, ut neque peraridum,
« neque rursus viride colligatur ; alterum, quod omnem
« succum si amisit, stramenti vicem obtinet ; alterum, quod si
« nimium retinuerit, in tabulato putrescit, ac sæpe quum con-

s'il en conserve trop, il pourrit au grenier, et peut même souvent, par l'effet de la chaleur qui s'y développe, prendre feu et occasionner des incendies. Quelquefois aussi, le foin qui vient d'être coupé est surpris par la pluie. S'il est fortement mouillé, il est inutile d'y toucher dans cet état ; il vaut mieux attendre que la couche supérieure en soit séchée par le soleil, puis le retourner, et lorsqu'il sera sec des deux côtés, on le rassemblera par rangées et on le liera en bottes. On ne prendra pas de repos qu'il ne soit mis à couvert, ou du moins rentré à la ferme, ou bottelé. Tout ce qui sera fané au degré convenable, sera mis en meules, dont le sommet se terminera en pointe très-aiguë ; par ce moyen, on protége commodément le foin contre les eaux du ciel. Mais, lors même que le temps ne serait pas pluvieux, il serait cependant avantageux de mettre le foin en meules, parce que, s'il y reste un peu d'humidité, elle transsudera et s'évaporera. Aussi les cultivateurs expérimentés, même après avoir mis leur foin à couvert, ne le rangent-

« caluit, ignem creat et incendium. Nonnunquam etiam quum
« fœnum cecidimus, imber oppressit : quod si permaduit,
« inutile est idem movere : meliusque patiemur superiorem
« partem solo siccari ; tunc demum convertemus et utrumque
« siccatum coarctabimus in strigam, atque ita manipulos vin-
« ciemus ; nec omnino cunctabimur, quominus sub tectum
« congeratur, vel si non competit, ut aut in villam fœnum
« portetur, aut in manipulos colligatur ; certe, quidquid ad
« eum modum, quo debet, siccatum erit, in metas extrui con-
« veniet, easque ipsas in angustissimas vertices exacui. Sed

ils pas avant de l'avoir laissé pendant quelques jours, à peine entassé, fermenter et jeter son feu. »

Si nous exceptons la méthode de Clapmayer, qui ne devait pas trouver souvent sa raison d'être dans un pays généralement plus sec que le nôtre, nous retrouvons, dans ce chapitre de Columelle, à peu près tout ce que savent les bons praticiens de nos jours sur la question.

La lecture des autres agronomes latins nous en apprendrait beaucoup moins, comme on en pourra juger par le laconisme des citations suivantes, qui résument presque tout ce qu'ils nous ont laissé sur les prairies naturelles.

Ainsi *Caton* nous dit :

« Lorsque le moment convenable sera venu, coupez vos foins, et évitez de les couper trop tard. Coupez-les avant la maturité des graines, vous en obtiendrez de meilleurs foins que vous serrerez à part[1]. »

Palladius, en parlant des travaux du mois de mai, s'exprime ainsi :

« enim commodissime fœnum defenditur a pluviis, quæ
« etiamsi non sint, non alienum tamen est, prædictas metas
« facere, ut si quis humor herbis inest, exsudet, atque exco-
« quatur in acervis. Propter quod prudentes agricolæ, quamvis
« jam illatum tecto, non ante componunt, quam per paucos
« dies temere congestum, in se concoqui et defervescere pa-
« tiantur. »

[1] « Fœnum, ubi tempus erit, secato, cavetoque ne sero seces.
« Priusquam semen maturum fiet, secato, et quod optimum
« fœnum erit, seorsum condito. » (CATO, *de Re rustica*, LIV.)

« C'est dans ce mois que doivent être coupés les foins dans les pays secs, chauds ou voisins de la mer, avant qu'ils ne se dessèchent.

« S'ils sont mouillés sur place, ne les retournez pas avant que le dessus ne soit sec[1]. »

Varron, considérant les choses à un autre point de vue, envisage le cas où le cultivateur vendrait son foin, au lieu de le faire consommer dans la propriété :

« Si, dans un domaine, il y a des prés, dit-il, et que le propriétaire ne possède pas de bestiaux, il devra faire son possible pour qu'en vendant son foin, le troupeau d'un autre propriétaire vienne paître et séjourner sur ses propres terres[2]. »

On comprenait donc déjà, dans ces temps reculés, qu'il n'est pas prudent de vendre ses fourrages sans chercher à se procurer des engrais du dehors.

[1] « ... Hoc mense in locis siccis, calidis, sive maritimis
« fœna recidantur, prius tamen quam exarescant. Quod si
« pluviis infusa fuerint, converti ante non debent, quam pars
« eorum summa siccata sit. » (PALLADIUS, lib. VI. — *Maius.*)

[2] « Si prata sunt in fundo, neque pecus dominus habet,
« danda opera ut, pabulo vendito, alienum pecus in suo fundo
« pascat et stabulet. »

CHAPITRE II.

PLANTES FOURRAGÈRES CONSTITUANT LES PRAIRIES ARTIFICIELLES.

I. *Luzerne*

De toutes les plantes fourragères formant la base des prairies artificielles de notre époque, il n'en est aucune à laquelle les auteurs latins aient consacré une description aussi complète qu'à la *luzerne*. Cependant nous n'avons rien trouvé, dans ce que nous a laissé *Caton*, qui ait trait à la culture de cette plante, et il faut aller jusqu'à Varron pour en trouver les premières indications. Voici ce qu'il en a dit dans le chapitre XLII du premier livre de son ouvrage [1] :

« Vous aurez grand soin de ne semer la luzerne ni dans une terre trop aride, ni dans une terre trop inégale, mais dans un sol de consistance moyenne ; par jugère, dans une terre de cette nature, il faut un modius et demi de graine (environ 30 litres par hectare). L'ensemencement se fait de

---

[1] « De medica in primis observes ut ne in terram nimium ari-
« dam, aut variam, sed temperatam, semen demittas ; in juge-
« rum unum, si est natura temperata terra, scribunt opus esse
« medicæ sesquimodium ; id seritur ita et semen jactatur
« quemadmodum, scilicet, cum pabulum et frumentum se-
« ritur. »

la même manière et en même temps que celui du froment. »

Mais c'est surtout le chapitre consacré par Columelle à la culture de la luzerne qui peut nous donner une idée du prix qu'on attachait alors à cette précieuse plante fourragère. Voici cet intéressant chapitre de l'illustre agronome latin :

« On cultive plusieurs espèces de plantes fourragères ; telles sont la luzerne, la vesce, la dragée à base d'orge, l'avoine, le fenu-grec, l'ers et la gesse. Nous nous dispensons d'énumérer les autres, et à plus forte raison de les cultiver. J'en excepte pourtant le cytise, dont j'ai parlé en traitant des arbrisseaux.

« Mais, de toutes les plantes qui méritent notre attention, la plus remarquable est la luzerne, qui, une fois semée, peut durer dix ans. Elle peut être fauchée quatre fois et même jusqu'à six fois par an. Elle fertilise le champ qui la porte ; elle engraisse tout bétail maigre qui s'en nourrit ; elle rend la santé à l'aninal souffrant. Un seul jugère de luzerne suffit pour nourrir trois chevaux pendant toute une année.

« Voici comment on doit la semer : vers le commencement d'octobre, donnez un premier labour au champ dans lequel vous devez semer de la luzerne au printemps suivant, et laissez la terre se mûrir pendant tout l'hiver. Au commencement de février, labourez soigneusement votre champ pour la seconde fois, enlevez toutes les pierres et brisez les mottes ; vers le mois de mars, donnez un troisième labour suivi d'un hersage. Lorsque vous aurez ainsi travaillé votre sol, partagez-le comme un jardin en planches larges de dix pieds, longues de cinquante, afin de pouvoir, par les sentiers, faire parvenir l'eau d'irrigation et donner de chaque côté accès aux sarcleurs. Répandez-y ensuite du fumier consommé, et à la fin d'avril faites votre ensemencement de manière que chaque cyathe [1] de graines occupe un espace de dix pieds de long sur cinq pieds de large (environ 20 litres par hectare).

« Cette opération terminée, vous recouvrirez sans retard, au moyen de herses en bois, la graine que vous aurez répandue. Cette précaution est nécessaire pour la préserver des rayons du soleil. Après l'ensemencement, le terrain ne doit plus être touché par le fer ; c'est avec des râteaux de bois, comme je l'ai déjà dit, qu'il doit être sarclé et nettoyé pour empêcher qu'aucune espèce d'herbe étrangère n'étouffe la luzerne pendant qu'elle est encore faible.

« Il en faudra faire la première coupe un peu tard, quand elle aura déjà laissé échapper une partie de ses graines ; vous pourrez ensuite, quand

---

[1] Le cyathe répond à peu près à 833 dix-millièmes de litre, et le pied romain a été évalué à 295 millimètres.

La quantité de graine ordinairement employée aujourd'hui est peu différente de celle que nous indiquons ici d'après Columelle, si les mesures indiquées pour le cyathe et pour le jugère sont exactes.

elle aura repoussé, la couper aussi tendre que vous le voudrez pour la donner aux bêtes de travail ; mais avec circonspection d'abord , jusqu'à ce qu'elles s'y soient accoutumées, pour que ce fourrage nouveau ne leur soit pas nuisible ; car elle peut les météoriser, et *elle produit beaucoup de sang.*

« Après l'avoir coupée, arrosez-la souvent, et quelques jours plus tard, lorsqu'elle commencera à pousser de nouvelles tiges, sarclez toutes les mauvaises herbes.

« Ainsi cultivée, la luzerne pourra fournir par an six coupes et durer dix années [1]. »

[1] « *Genera pabulorum ; de medica, vicia, farragine, avena, fœno græco, ervo et cicera.*

« Pabulorum genera complura, sicut medicam, et viciam,
« farraginem quoque hordeaccam, et avenam, fœnum græ-
« cum, nec minus ervum, et cicera. Nam cetera neque enu-
« merare, ac minus serere dignamur : excepta tamen cytiso,
« de qua dicemus in iis libris quos de generibus surculorum
« conscripsimus.

« Sed ex iis quæ placent, eximia est herba medica : quod
« quum semel seritur, decem annis durat ; quod per annum
« deinde recte quater, interdum etiam sexies, demetitur ; quod
« agrum stercorat ; quod omne emaciatum armentum ex ea
« pinguescit ; quod ægrotanti pecori remedium est ; quod ju-
« gerum ejus toto anno tribus equis abunde sufficit.

« Seritur, ut deinceps præcipiemus. Locum, in quo medi-
« cam proximo vere saturus es, proscindito circa kalendas
« octobris, et eum tota hieme putrescere sinito ; deinde kalen-
« dis februariis diligenter iterato et lapides omnes egerito,
« glæbas effringito ; postea circa martium mensem tertiato et
« occato. Quum sic terram subegeris, in morem horti areas

Pline nous a également laissé un chapitre sur la culture de la luzerne, mais il est facile de voir, à la lecture de ce document, que Pline ne parle pas, comme Columelle, *ex professo*, et qu'ici, comme dans la plupart de ce qu'il nous a laissé, il est plus compilateur que praticien.

Voici, du reste, comment il s'exprime à ce sujet [1] :

« La luzerne a été introduite en Grèce par les Mèdes, pendant les guerres que fit dans ce pays Darius, roi de Perse. Cette plante mérite, par ses

« latas pedum denum, lougas pedum quinquagenum facito,
« ut per semitas aqua ministrari possit, aditusque utraque
« parte runcantibus pateat. Deinde vetus stercus injicito; atque
« ita mense ultimo aprilis serito tantum, quantum ut singuli
« cyathi seminis locum occupent decem pedum longum, et
« quinque latum. Quod ubi feceris, ligneis rastris, id enim
« multum confert, statim jacta semina obruantur : nam ce-
« lerrime sole aduruntur. Post sationem ferro tangi locus
« non debet. Atque, ut dixi, ligneis rastris sarriendus, et iden-
« tidem runcandus est, ne alterius generis herba invalidam
« medicam perimat.

« Tardius messem primam ejus facere oportebit, quam jam
« seminum aliquam partem ejecerit. Postea quam voles te-
« neram, quum prosiluerit, deseces licet et jumentis præbeas;
« sed inter initia parciter, dum consuescant, ne novitas pa-
« buli noceat; inflat enim, et multum creat sanguinem. Quum
« secueris autem, sæpius eam rigato. Paucos deinde post dies,
« ut cœperit fruticare, omnes alterius generis herbas erun-
« cato. Sic culta, sexies in anno demeti poterit, et perma-
« nebit annis decem. » (Lib II, cap. xi.)

[1] *Medica.*

« Medica externa etiam Græciæ est, ut a Medis advecta per
« bella Persarum, quæ Darius intulit : sed vel in primis di-

grandes qualités, qu'on la classe parmi les meilleures ; une fois semée, elle peut durer plus de trente ans. Elle ressemble au trèfle. Sa tige et ses feuilles sont noueuses. A mesure que la tige s'élève, ses feuilles deviennent plus étroites.......

« Le champ où l'on veut semer la luzerne doit être épierré, nettoyé avec soin et retourné en automne. Peu de temps après, il faut le labourer, puis le herser jusqu'à trois fois, de cinq en cinq jours, après y avoir mis du fumier. Cette plante demande un terrain sec, fertile ou irrigable. Le sol ainsi préparé, on sème la luzerne au mois de mai ; autrement elle craindrait les gelées. Il faut semer trèsdru, pour qu'elle occupe tout le terrain, et que toute autre herbe n'y puisse végéter. Vingt modius de graine par jugère sont plus que suffisants (4 hecto-

« cenda, tanta dos ejus est, quum ex uno satu amplius quam
« tricenis annis duret. Similis est trifolio : caule, foliisque
« geniculata : quidquid in caule adsurgit, folia contrahuntur.
« Solum, in quo seratur, elapidatum purgatumque subigitur
« autumno : mox aratum, et occatum integitur crate iterum
« ac tertium, quinis diebus interpositis, et fimo addito. Poscit
« autem siccum succosumque, vel riguum. Ita præparato se-
« ritur mense maio : alias pruinis obnoxia. Opus est densitate
« seminis omnia occupari, internascentesque herbas excludi.
« Id præstant in jugera modia vicena. Movendum ne adu-
« ratur, terraque protinus integi debet. Si sit humidum solum
« herbosumve, vincitur, et desciscit in pratum. Ideo protinus
« altitudine unciali herbis omnibus liberanda est, manu po-
« tius quam sarculo. Secatur incipiens florere, et quoties re-
« floruit. Id sexies evenit per annos, quam minimum, quater.
« In semen maturescere prohibenda est, quia pabulum utilius
« est usque ad trimatum. Ad trimatum, marris ad solum radi.

litres par hectare [1]). Il faut la recouvrir immédiatement pour éviter qu'elle ne soit brûlée par le soleil.
Si le sol est humide et sujet à s'enherber, elle sera
étouffée et fera place à un pré. Il faudra donc, dès
qu'elle aura un doigt de hauteur, la débarrasser de
toutes les herbes étrangères avec la main plutôt
qu'avec le sarcloir. On la coupe quand elle commence à fleurir, et toutes les fois qu'elle refleurit,
ce qui arrive six fois par an, ou au moins quatre
fois [2]. Il faut l'empêcher de porter graine, car elle
est meilleure en herbe, jusqu'à l'âge de trois ans.
A l'âge de trois ans, on la coupe à fleur de terre;
on fait ainsi périr les autres herbes sans endom-

« Ita reliquæ herbæ intereunt sine ipsius damno, propter alti-
« tudinem radicum. Si evicerint herbæ, remedium unicum
« est aratio, sæpius vertendo, donec omnes aliæ radices in-
« tereant. Dari non ad satietatem debet, ne deplere sanguinem
« necesse sit. Et viridis utilior est. Arescit surculose, ac
« postremo in pulverem inutilem extenuatur. » (Lib. XVIII,
cap. XLIII.)

[1] Il y a là une erreur très-grave ou une absurde exagé-
ration, puisque la quantité de graine actuellement employée
est ordinairement comprise entre 20 et 25 kilogrammes par
hectare, ou 26 à 32 litres. Les quatre hectolitres de graine que
le texte de Pline attribuerait à la semence représentent assez
bien la quantité de graine qu'on peut récolter sur un hectare,
dans des conditions passables. L'erreur de Pline pourrait donc
provenir d'un quiproquo.

[2] On ne doit pas trop s'étonner de ces cinq à six coupes de
luzerne, attendu que cela n'est pas rare dans le midi, que
Pline avait plus particulièrement en vue. Il paraît même qu'en
Espagne et en Italie on peut quelquefois obtenir, au moyen
des irrigations, jusqu'à huit ou dix coupes par an, dans les
bonnes luzernières.

6

mager la luzerne, qui a des racines très-profondes. Si les herbes prenaient le dessus, l'unique remède serait un labour, en retournant souvent la terre jusqu'à l'entière destruction des racines étrangères. On ne doit pas donner aux bestiaux de la luzerne jusqu'à satiété, si l'on ne veut pas être obligé de leur tirer du sang.

« Ce fourrage est meilleur vert que sec; en séchant il durcit, et finit par se briser en une poussière dont on ne peut tirer aucun parti. »

Enfin Palladius, dans l'énumération des travaux de chaque mois de l'année, insiste pour qu'on s'occupe, en février, de préparer la terre qu'on destine à porter de la luzerne.

« C'est maintenant, dit-il, qu'il convient de labourer, d'épierrer et de herser avec soin le champ qui doit recevoir de la luzerne[1]. Après l'avoir, vers les premiers jours de mars, mis en façon comme la terre d'un jardin, vous y ferez des planches longues de cinquante pieds sur dix de large, afin qu'on puisse aisément les arroser et en arracher de chaque côté les mauvaises herbes; après avoir reçu du fumier consommé, elles seront ainsi prêtes pour le mois d'avril. »

---

[1] « Nunc ager qui accepturus est medicam iterandus est,
« et purgatis lapidibus, diligenter occandus. Et circa martias
« kalendas subacto sient in hortis solo, formandæ sunt areæ
« latæ pedibus X, longæ pedibus L, ita ut eis aqua ministre-
« tur, et facile possint ex utraque parte runcari. Tunc injecto
« antiquo stercore, in aprilem mensem reservantur paratæ. »
Lib. III, cap. vi.)

Puis, lorsque arrive l'énumération des travaux du mois d'avril, il ajoute :

« Au mois d'avril semez la luzerne sur des planches préparées comme nous l'avons dit précédemment [1]. Une fois semée, elle dure dix ans, et peut être coupée de quatre à six fois par an. Elle fume les terres, remet en état les animaux maigres et guérit ceux qui sont malades. Un jugère de luzerne fournit abondamment toute l'année la nourriture de trois chevaux. Un cyathe de cette graine suffit pour ensemencer un espace de cinq pieds de large sur dix pieds de long (environ 20 litres par hectare) ; on la recouvre, dès qu'elle est semée, avec de petits râteaux de bois, car elle serait bientôt brûlée par le soleil. Après l'ensemencement, on la débarrassera souvent des mauvaises herbes

[1] « Aprili mense in areis, quas ante, sicut diximus, præpa« rasti, medica serenda est. Quæ quum semel seritur, decem
« annis permanet, ita ut quater vel sexies possit per annum
« recidi. Agrum stercorat, macra animalia reficit, curat
« ægrota. Jugerum ejus toto anno tribus equis abunde sufficit.
« Singuli cyathi seminis occupant locum latum pedibus quin« que, longum pedibus decem. Sed mox ligneis rastellis
« obruantur jacta semina, quia sole citius comburuntur. Post
« sationem rastris ligneis frequenter herba mundetur, ne
« teneram medicam premat.

« Prima messis ejus tardius fiet ; ceteræ messes quam vo« lueris cito peragantur, et jumentis præbeantur. Sed primo
« parcius præbenda est novitas pabuli ; inflat enim, et mul« tum sanguinem creat. Ubi secueris sæpius riga. Post paucos
« dies, quum fruticare cœperit, omnes alias herbas runcato ;
« ita et sexies per annum metis, et annis decem poterit ma« nere continuis. » (*De Re rustica*, lib. V, cap. 1. — *Aprilis*.)

avec des râteaux de bois, afin qu'elle ne soit pas étouffée lorsqu'elle est encore tendre.

« La première coupe s'en fera tard, mais on pourra faire les autres aussitôt qu'on voudra, et les donner aux bestiaux. Il ne faut cependant pas leur donner à discrétion du nouveau fourrage, parce qu'il les gonfle et leur fournit beaucoup de sang.— Quand la luzerne sera coupée, arrosez-la souvent. Quelques jours plus tard, quand elle commencera à pousser, arrachez toutes les herbes étrangères ; de cette manière vous en ferez six récoltes par an, et elle pourra se conserver pendant dix années consécutives. »

Le *sainfoin* ne paraît pas avoir été cultivé comme plante fourragère par les Romains, ou du moins ils ne nous ont rien laissé qui se rapporte à cette plante, qui joue un si grand rôle dans l'alimentation du bétail d'une grande partie de l'empire français actuel.

Nous en dirons autant du *trèfle*, que Pline cite cependant plusieurs fois. Il en parle comme d'une plante qui croît spontanément dans les terres propres à la culture du blé. Plus loin (dans son livre XXI, ch. LXXXVIII), Pline cite encore le trèfle comme pouvant servir, *par ses fleurs à faire des couronnes*, et par ses graines à faire des *médicaments*. Ainsi, *la graine du trèfle à petites feuilles, réduite à l'état d'onguent, était alors recommandée aux dames romaines pour entretenir la fraîcheur de leur peau.*

S'il est vrai de dire que, sous plus d'un rapport, notre agriculture doit beaucoup aux agronomes romains, il est juste aussi d'ajouter qu'ils n'avaient pas encore tout vu ni tout mis en pratique, et que les temps modernes ont ajouté quelque chose d'utile à la masse des connaissances que les anciens nous avaient transmises.

Plantes fourragères annuelles.

La plupart des plantes fourragères annuelles recommandées par les auteurs latins sont précisément celles qui sont encore employées de nos jours.

Ainsi *Caton*, dans son langage rude et souvent trop concis, disait (chap. XXVII) :

« Semez, pour la nourriture de vos bœufs, la *dragée*, la *vesce*, le *fenu-grec*, la *fève*, l'*ers*. Semez-en une seconde fois, puis une troisième [1]. »

Cette succession d'ensemencements recommandée par Caton est précisément ce que pratiquent aujourd'hui les bons cultivateurs, pour avoir le plus longtemps possible de bon fourrage vert. Il n'y a guère de changement que dans certaines substitutions de plantes commandées par la différence des climats.

[1] « Ocinum, viciam, fœnum græcum, fabam, ervum, pa-
« bulum bubus serito. Alteram et tertiam pabuli sationem
« facito. »

De la vesce.

La vesce occupait, chez les Romains, le premier rang parmi les plantes fourragères annuelles, et il en est encore ainsi presque partout aujourd'hui.

Voyons ce qu'en ont dit successivement les auteurs latins qui se sont consacrés à l'agronomie.

« La vesce [1], dit *Columelle*, peut être semée à deux époques différentes ; si elle doit être employée comme fourrage, on la sème vers l'équinoxe d'automne, dans la proportion de sept modius par jugère (environ 280 litres par hectare) ; si elle est destinée à produire de la graine, elle se sème dans le mois de janvier, ou même plus tard, dans la proportion de six modius par jugère (240 litres par hectare). La semence pourrait être répandue sur la terre non labourée ; mais un labour préalable est préférable. La vesce n'aime pas à être semée pendant la rosée ; on doit attendre, pour la répandre,

[1] « Viciæ autem duæ sationes sunt; prima, quæ pabuli causa
« circa æquinoctium autumnale serimus, septem modios ejus in
« unum jugerum ; secunda, quæ sex modios, mense januario,
« vel etiam serius, jacimus semini progenerando. Utraque
« satio potest cruda terra fieri, sed melius proscissa ; idque
« genus præcipue non amat rores, quum seritur. Itaque post
« secundam diei horam, vel tertiam, spargendum est, quum
« jam omnis humor sole ventove detersus est ; neque amplius
« projici debet, quam quod eodem die possit operiri. Nam si
« nox incesserit, quantulocumque humore prius quam obrua-
« tur, corrumpitur. » (Lib. II, cap. xi.)

la seconde ou la troisième heure du jour, quand l'humidité a complétement disparu sous l'action du vent ou du soleil, et il n'en faut pas semer plus qu'on n'en peut recouvrir le même jour ; car si la nuit survenait avant que tout fût enterré, la moindre humidité pourrait détériorer la graine. »

Voici maintenant ce que dit Pline au sujet de la même plante :

« La vesce engraisse la terre, et sa culture n'exige pas grand travail de la part du cultivateur. Elle se sème sur un seul labour ; elle n'a besoin d'être ni sarclée ni fumée ; elle ne demande qu'un hersage. On la peut semer à trois différentes époques : vers le coucher d'arcturus, pour la faire pâturer vers le mois de décembre ; c'est le meilleur moment de la semer pour graine. Elle repousse encore après avoir été pâturée. La seconde époque de semaille est le mois de janvier, et la troisième le mois de mars ; c'est alors qu'elle donne le plus de fourrage. C'est, de toutes les plantes fourragères, celle qui aime le plus un terrain sec ; néanmoins elle s'accommode des lieux ombragés. On préfère sa paille à toutes les autres, quand elle a été recueillie en maturité. Semée dans les vignes, elle les affame et les fait dépérir [1]. »

---

[1] « Et vicia pinguescit arva, nec ipsa agricolis operosa : uno
« sulco sata, non sarritur, non stercoratur, nec aliud quam
« deoccatur. Sationis ejus tria tempora : circa occasum arcturi,
« ut decembri mense pascat : tunc optime seritur in semen.
« Æque namque fert depasta. Secunda satio mense januario est,

Enfin, Palladius, en parlant des travaux du mois
de septembre, consacre à peine quelques lignes à
la vesce.

« C'est maintenant, dit-il, qu'on fait les premiers
ensemencements de vesce et de fenu-grec qu'on
veut semer pour fourrage. Sept modius de vesce
et pareille quantité de fenu-grec couvriront un jugère (environ 2 hectolitres 80 litres par hectare) [1]. »

Fourrages mélangés.

On cultivait encore, comme de nos jours, des mélanges divers, destinés à être consommés en vert.
On leur donnait le nom de *farrago*, d'où nous est
venu, sans aucun doute, le nom de fourrage. Tels
sont nos mélanges divers de vesce, de gesse, de
seigle, d'avoine ou d'orge, connus encore dans certains départements sous les noms de *dragée* ou de
dravière, de *mélarde*, de *coupage*, etc.

« Il convient, disait Columelle [2], de semer la
dragée dans une terre en bon état de culture, bien

« vissima martio : tum ad frondem utilissima Siccitatem ex
« omnibus, quæ seruntur, maxime amet non aspernatur
« etiam umbrosa. Ex semine ejus, si lecta matura est, palea
« ceteris præfertur. Vitibus præripit succum, languescuntque
« si in arbusto seratur. » (Lib. XVIII, cap. xxxvii.)

[1] « Nunc viciæ prima satio est et fœni græci, quum pabuli
« causa seruntur. Viciæ VII modii jugerum, æque et fœni
« græci semen implebit. » (Lib. X, cap. vii.)

[2] « Farraginem in restibili stercoratissimo loco, et altero

fumée, et sur un second labour. On obtient un excellent résultat en semant par jugère dix modius
(4 hectolitres par hectare) d'orge cantherin (orge à
six rangs, *escourgeon),* vers l'équinoxe d'automne,
quand les pluies sont imminentes ; arrosée ainsi
aussitôt que mise en terre, la plante lève promptement et prend de la force avant les rigueurs de
l'hiver. Quand les autres fourrages manqueront
dans la saison froide, on coupera de la dragée qu'on
pourra donner avec avantage aux bœufs et aux
autres bestiaux ; et si vous voulez la faire pâturer
plusieurs fois, vous pourrez le faire jusque dans le
mois de mai. Si vous en voulez récolter la graine,
il faut en éloigner les animaux dès le commencement de mars, et la préserver de tout ce qui pourrait l'empêcher de monter en grains.

« On peut de même semer, en automne, de l'a-
voine dont une partie est fauchée en vert et fanée,
ou mangée, et l'autre conservée pour graine. »

« sulco serere convenit. Ea fit optima, quum cantherini *
« hordei decem modiis jugerum obseritur circa æquinoctium
« autumnale, sed impendentibus pluviis ut consita rigataque
« imbribus, celeriter prodeat, et confirmetur ante hiemis vio-
« lentiam. Nam frigoribus quum alia pabula defecerunt, ea
« bubus ceterisque pecudibus optime desecta præbetur, et si
« depascere sæpius voles, usque in mensem maium sufficit.
« Quod si etiam semen voles ex ea percipere, a kalendis mar-
« tiis pecora depellenda, et ab omni noxa defendenda est, ut
« sit idonea frugibus. Similis satio avenæ, quæ autumno sata
« partim cæditur in fœnum, vel pabulum, dum adhuc viret,
« partim semini custoditur. » (Lib. II, cap. xl.)

* *L'hordeum cantherinum* est l'orge à six rangs.

Pline consacre également quelques lignes à la culture du *farrago*.

« On obtient la dragée (farrago), dit-il, au moyen d'un *far* de rebut (sortes de criblures de froment), qu'on sème fort épais, en y mêlant quelquefois de la vesce. En Afrique, on emploie l'orge pour cet objet [1]. »

Quant à Palladius, il est facile de voir qu'il a emprunté à Columelle tout ce qu'il dit sur ce sujet. En effet, en énumérant les travaux du mois de septembre, il dit :

« Vous sèmerez aussi de la dragée dans une terre en bon état de culture et fumée. On répandra par jugère dix modius (quatre hectolitres par hectare) d'orge cantherin (orge à six rangs, escourgeon) vers l'équinoxe, afin que la plante ait pris de la force avant l'hiver. Si vous voulez la faire pâturer à plusieurs reprises, elle pourra fournir de la pâture jusqu'en mai ; mais si vous en voulez retirer du grain, vous devrez, à partir du commencement de mars, en interdire l'approche à vos bestiaux [2]. »

[1] « Farrago est recrementis farris; prædensa seritur, admixta aliquando vicia. Eadem in Africa fit ex hordeo. »

[2] « Farrago etiam loco restibili stercorato seritur. Hordei cantherini jugero X modios spargimus circa æquinoctium, ut ante hiemem convalescat. Si depasci sæpius velis, usque in maium mensem ejus pastura sufficiet ; quod si ex ea semen etiam redigere, usque ad martias kalendas, et dehinc pecora prohibebis. » (Lib. X, cap. v. *September*.)

Les anciens désignaient sous le non d'*ocinum*, d'*ocimum* ou *ocymum*, un genre de mélange qui ne différait guère du *farrago* qu'en ce qu'on n'y faisait entrer habituellement que des plantes de la famille des légumineuses (fèves, vesces, ers, etc.). *Pline* a résumé en peu de mots à peu près tout ce qu'en ont dit les auteurs agronomiques latins.

« Les anciens, dit-il, avaient un genre de fourrage que Caton appelle *ocymum* [1], qui jouissait de la propriété d'arrêter la diarrhée des bœufs. Il se composait de divers fourrages coupés en vert avant les gelées. *Sura Manilius* s'explique autrement sur ce sujet ; suivant lui, on semait, en automne, par jugère un mélange de dix modius de fèves, deux de vesce, et autant d'ervillière (deux hectolitres de fèves, un demi-hectolitre de vesce et un demi-hectolitre de lentille ervillière par hectare). On y mêlait avec avantage de l'avoine grecque (espèce de *fromental*), qui ne perd pas sa graine. D'après Varron, ce fourrage, qu'on a coutume de semer pour les bœufs, tire son nom *ocinum* du grec ὠκέως à cause de la rapidité de sa croissance. »

[1] « Apud antiquos erat pabuli genus, quod Cato ocymum vocat, quo sistebant alvum bubus. Id erat e pabulis, segete viride desecta, antequam gelaret. Sura Manilius id aliter interpretatur, et tradit fabæ modios decem, viciæ duos, tantumdem erviliæ in jugero autumno misceri et seri solitum. Melius et avena græca, cui non cadit semen, admixta. Hoc vocitatum ocinum, boumque causa seri solitum. Varro appellatum a celeritate proveniendi, e græco quod ὠκέως dicunt. »

On cultivait alors fréquemment un genre de fourrage beaucoup moins connu de nos jours, du moins dans nos climats tempérés septentrionaux, c'est le *fenu-grec* (*fœnum græcum*, mot à mot foin grec). Voici le passage que lui a consacré Columelle (liv. II. chap. xı) :

« Le *fenu grec* [1], que les paysans appellent *silique*, peut se semer à deux époques différentes : au mois de septembre, vers l'équinoxe, en même temps que la vesce, quand on veut en faire du fourrage ; à la fin de janvier ou au commencement de février quand on sème pour graine. Dans le premier cas, on emploie sept modius de graine par jugère (280 litres par hectare) ; dans le second, six modius seulement (240 litres par hectare). Ces deux ensemencements peuvent se faire sur jachère sans inconvénient ; on doit seulement avoir soin que la semence soit bien couverte, sans l'être trop profondément : car lorsqu'elle est enterrée à plus de quatre doigts de profondeur, elle ne lève pas facilement. C'est pour cette raison qu'avant de semer, on commence

[1] « Fœnum Græcum, quod siliquam vocant rustici, duo tempora sationum habet, quorum alterum est septembris mensis, quum pabuli causa seritur, iisdem diebus quibus vicia, circa æquinoctium ; alterum autem mensis januarii ultimo, vel primo februarii, quum in messem seminatur ; sed hac ratione jugerum sex modiis, illa septem occupamus ; utraque cruda terra non incommode fit ; daturaque opera ut spisse aretur, nec tamen alte ; nam si plus quatuor digitis adobrutum est semen ejus, non facile prodit. Propter quod nonnulli priusquam serant, minimis aratris proscindunt, atque ita jaciunt semina et sarculis adobruunt. »

quelquefois par labourer avec de petites charrues, et qu'ensuite la semence répandue est recouverte avec le sarcloir. »

Pline en dit également quelques mots, dans son dix-huitième livre, chapitre trente-deux, et s'exprime ainsi à ce sujet :

« Le *Silicia*, ou fenu-grec, s'enterre à l'aide du scarificateur, à moins de quatre doigts de profondeur. Il semble que moins on donne de soins à sa culture, mieux il vient. Il est rare de trouver ainsi une plante à laquelle la négligence soit profitable[1]. »

Nous rangerons encore parmi les plantes fourragères préconisées par les anciens le *cytise*, sur lequel se sont longtemps exercés leurs traducteurs ou leurs commentateurs, parce que, suivant les uns, il s'agissait du faux ébénier, tandis que suivant d'autres il s'agissait, non d'un arbre, mais d'un faible arbuste, *la luzerne arborescente (cytisus marantœ, ou medicago arborea)*.

Mais laissons d'abord parler les auteurs qui ont vanté ou recommandé l'emploi du cytise; la description qu'ils nous en donneront nous permettra peut-être de choisir entre les deux opinions que nous venons de rappeler.

Voici comment s'exprime Columelle, au sujet

---

[1] « Silicia, hoc est fœnum græcum, scarificatione seritur,
« non altiore quatuor digitorum sulco, quantoque pejus trac-
« tatur, tanto provenit melius. Rarum dictu, esse aliquid cui
« prosit negligentia. »

du cytise, dans le chapitre douze du cinquième livre de son remarquable Traité d'économie rurale [1] :

« Il est très-important d'avoir dans une métairie beaucoup de cytise, parce qu'il est très-utile aux volailles, aux abeilles, aux chèvres, aux bœufs et à toute espèce de bestiaux ; il les engraisse promptement, et procure aux brebis une grande abondance de lait ; en outre, il peut fournir du fourrage vert pendant huit mois, et ensuite du fourrage sec.

[1] « Cytisum in agro esse quam plurimum maxime refert, quod
« gallinis, apibus, capris, bubus quoque et omni generi pe-
« cudum utilissimus est, quod ex eo cito pinguescit, et lactis
« plurimum præbet ovibus ; tum etiam quod octo mensibus
« viridi eo pabulo uti, et postea arido possis. Præterea in
« quolibet agro quamvis macerrimo, celeriter comprehendit ;
« omnem injuriam sine noxa patitur.
« Satio autem cytisi vel autumno circa idus octobris, vel vere
« fieri potest. Quum terram bene subegeris, areolas facito, ibi-
« que velut ocymi semen cytisi autumno serito. Plantas deinde
« vere disponito, ita ut inter se quoquoversus quatuor pedum
« spatia distent. Si semen non habueris, cacumina cytisorum
« vere disponito, et stercoratam terram circumaggerato. Si
« pluvia non incesserit, rigato quindecim proximis diebus ;
« simul atque novam frondem agere cœperit, sarrito, et post
« triennium deinde cædito, et pecori præbeto.
« Equo abunde est viridis pondo XV, bubus pondo vicena,
« ceterisque pecoribus pro portione virium.
« Aridum si dabis, parcius præbeto, quoniam vires majores
« habet, priusque aqua macerato, et exemptum paleis per-
« misceto. Cytisum quum aridum facere voles, circa mensem
« septembrem, ubi semen ejus grandescere incipiet, cædito,
« paucisque horis, dum flaccescat, in sole habeto ; deinde in
« umbra exsiccato, et ita condito. »

D'ailleurs, le cytise pousse promptement dans toute espèce de terre, si maigre qu'elle puisse être. Il ne souffre aucun dommage de ce qui nuit aux autres végétaux.

« On peut semer le cytise en automne, vers le milieu d'octobre, ou bien au printemps. Quand la terre a été bien préparée, disposez-la en petites planches, et semez-y, en automne, de la graine de cytise, comme on sème de la dragée. Au printemps, repiquez votre plant à la distance de quatre pieds (un mètre 18 centimètres) en tous sens. Si vous n'avez pas de graine, plantez des cimes de cytise au printemps, et buttez-les avec de la terre fumée. S'il ne survient pas de pluie, arrosez pendant les quinze premiers jours ; dès qu'il commencera à pousser des feuilles, sarclez votre cytise, et au bout de trois ans coupez-le et donnez-le à votre bétail. En vert, quinze livres [1] de cytise (un peu plus de 5 kilogrammes) suffisent pour un cheval, vingt livres (un peu plus de 6 kilogrammes 3/4) pour les bœufs, et pour les autres bestiaux une ration proportionnée à leur taille.

« Si vous l'employez sec, vous modérez la ration, parce qu'il est alors plus substantiel ; au reste, vous le ferez d'abord tremper dans l'eau, puis vous le mêlerez avec de la paille. Lorsque vous voudrez faire sécher du cytise, coupez-le vers le mois de septembre, au moment où la graine

---

[1] La livre romaine a été évaluée à 341 grammes.

commence à grossir, et exposez-le au soleil pendant quelques heures jusqu'à ce qu'il soit fané ; achevez ensuite sa dessiccation à l'ombre, et serrez-le. »

Virgile a également cité à plusieurs reprises comme plante fourragère le cytise. Ainsi, dans sa première églogue (*vers* 75 et 76), il fait dire à Mélibée :

« Je ne vous conduirai plus, ô mes chèvres, brouter le cytise en fleur et le saule amer. »

..... non me pascente, capellæ,
Florentem *cytisum*, et salices carpetis amaras.

Dans la deuxième églogue (*vers* 64), il dit encore :

« La chèvre folâtre recherche le cytise en fleur. »

Florentem *cytisum* sequitur lasciva capella.

Enfin , dans son immortel chef-d'œuvre des *Géorgiques*, livre III (*vers* 394 et 395), nous trouvons cette recommandation :

« Que celui qui veut du lait emplisse souvent lui-même les crèches de cytise, de lotier et d'herbes salées. »

At cui lactis amor, *cytisum*, lotosque frequentes
Ipse manu, salsasque ferat præsepibus herbas.

Nous terminerons les données que nous fournissent les auteurs latins sur le cytise, par la citation du passage que lui a consacré Pline dans son grand ouvrage d'histoire naturelle [1].

« Parmi les arbustes figure aussi le cytise, que l'Athénien Aristomaque loue comme excellent fourrage pour les brebis ; sec, il est excellent

[1] *Cytisus*, lib. XIII, chap. XLVII.

« Frutex est et cytisus, ab Aristomacho Atheniensi miris lau-
« dibus prædicatus pabulo ovium, aridus vero etiam suum :
« spondetque jugero ejus annua H — S vel mediocri solo re-
« ditus. Utilitas quæ ervo, sed ocior satietas, per quam modico
« pinguescente quadrupedes, ita ut jumenta hordeum sper-
« nant. Nec ex alio pabulo lactis major copia aut melior, su-
« per omnia pecudum medicina a morbis omni usu præ-
« stante. Quin et nutricibus in defectu lactis aridum atque in
« aqua decoctum, potui cum vino dari jubet : firmiores cel-
« sioresque infantes fore. Viridem etiam gallinis, aut si arue-
« rit, madefactum. Apes quoque nunquam defore cytisi pabulo
« contingente, promittunt Democritus et Aristomachus. Nec
« aliud minoris impendii est : seritur cum hordeo ; aut vere
« semine, ut porrum ; vel caule autumno, ante brumam. Si
« semine, madidum ; et si desint imbres, satum spargitur.
« Plantæ cubitales seruntur secrobe pedali. Seritur per æqui-
« noctia tenero frutice : perficitur triennio : demetitur verno
« æquinoctio, quum florere desinit, vel pueri vel anus vilissima
« opera. Canus aspectu ; breviterque si quis exprimere simi-
« litudinem velit, angustioris trifolii frutex. Datur animalibus
« post biduum semper : hieme vero quod inaruit, madidum.
« Satiant equos denæ libræ, et ad portionem minora ani-
« malia : obiterque inter ordines allium et cepæ seri facile est.
« Inventus hic frutex in Cythno insula, inde translatus est in
« omnes Cycladas, mox in urbes Græcas, magno casei pro-
« ventu ; propter quod maxime miror rarum esse in Italia. Non
« æstuum, non frigorum, non grandinum aut nivis injuriam
« expavescit. Adjicit Hyginus, ne hostium quidem, propter
« nullam gratiam ligni. »

aussi pour les porcs. Un jugère de cytise, dit-il, même dans un terrain médiocre, rapporte mille sesterces (environ 440 francs par hectare). Aussi avantageux que l'ers, il rassasie plus vite ; en très-peu de temps il engraisse les animaux au point d'amener les bêtes de travail à dédaigner l'orge. Nul autre fourrage ne donne du lait en plus grande abondance ou de meilleure qualité ; son usage est un excellent remède contre toutes les maladies de bestiaux. Aristomaque recommande même aux nourrices qui n'ont pas de lait de boire, en mélange avec du vin, une décoction de cytise sec. Les enfants, dit-il, en deviennent plus forts et plus grands. Il recommande pour les volailles la plante en vert, ou trempée dans l'eau, si elle est sèche. Démocrite et Aristomaque affirment que les abeilles ne manqueront jamais là où elles trouveront à butiner sur le cytise. Rien de moins dispendieux que la culture de cette plante : on la met en terre en même temps que l'orge ; semée au printemps comme le poireau, ou plantée en automne, avant les brumes, lorsqu'elle est montée en tige. Si l'on procède par semis, il faut faire tremper la graine, et s'il ne pleut pas il faut arroser. Les plantes d'une coudée de hauteur sont mises en terre dans des fosses d'un pied de profondeur (environ 30 centimètres). La transplantation se fait vers l'équinoxe, lorsque ses pousses sont encore tendres. Il atteint tout son développement en trois ans. On le coupe à l'équinoxe du printemps, à la fin de la floraison ; un enfant ou une vielle femme suffit à ce facile travail. Le cytise a une couleur blanchâtre, et pour exprimer en peu de mots à quoi il ressemble, on peut le comparer au trèfle à feuilles étroites. On n'en donne au bétail que tous les deux jours ; en hiver, lorsqu'il est sec, on le trempe dans l'eau. Dix livres (3 kilog. et demi) rassasient un cheval ; les autres animaux sont rationnés dans la proportion de leur taille. Entre les rangs de cytise on peut semer avec avantage de l'ail et de l'oignon.

« Trouvé dans l'île de Cythnos, cet arbuste a été transporté dans toutes les Cyclades, puis dans les cités grecques, où il a augmenté la production du fromage. Aussi je suis surpris de ne pas le voir plus commun en Italie. Il ne craint ni la chaleur, ni le froid, ni la grêle, ni la neige. Hyginus ajoute qu'il ne craint même pas d'ennemis, parce que son bois n'est bon à rien. »

L'ensemble des citations qui précèdent ne permet guère de voir dans le cytise fourrage autre chose qu'un arbuste qui rendait aux cultivateurs de l'ancienne Italie des services qui pourraient être comparés à ceux que rend encore de nos jours l'ajonc (ou genêt épineux) aux cultivateurs de plusieurs de nos départements de l'ouest.

Le *lupin* ne paraît pas avoir été aussi généralement employé comme fourrage, et nous n'avons trouvé d'indication formelle de cet emploi que dans l'ouvrage de Cassius Dyonisius d'Utique.

Après avoir parlé de l'amertume de cette plante qui en éloigne les animaux, il ajoute :

« Cette amertume s'adoucit lorsqu'on le met à tremper pendant trois jours dans de l'eau de mer ou dans de l'eau de rivière ; lorsqu'il commence à s'adoucir, on le sèche, et on le présente aux animaux mélangé de paille, au lieu d'autre fourrage [1]. »

CHAPITRE III.

MATIÈRES DIVERSES DESTINÉES A L'ALIMENTATION DU BÉTAIL. — FEUILLES DIVERSES. — GRAINES DE LUPIN, ERS, GESSE.

Les feuilles de différents arbres fournissaient encore aux cultivateurs de l'ancienne Italie un contingent de fourrage assez considérable.

On pourra facilement juger, par les citations que nous avons empruntées à Caton, à Varron, à Columelle et à Virgile, de l'importance qu'ils attachaient, et non sans raison, à l'usage de cet excellent fourrage.

Caton disait, dans ses Fragments concis d'économie rurale, chap. xxxi :

---

[1] « ... Dulce fit aqua marina et fluviali ad triduum maceratum ; ubi vero cœperit dulcescere, siccatur et deponitur, pecoribusque cum paleis pabuli loco exhibetur. » (Cassii Dyonisii Uticensis, cap. xxxvii.)

« Donnez à vos bœufs de la feuille de peuplier, d'aulne, de chêne et de figuier, tant que vous en aurez. Nourrissez vos brebis de feuillage vert, tant qu'il y en aura. Envoyez votre troupeau là où vous devrez faire vos ensemencements, et donnez-lui des feuilles jusqu'à la maturité des fourrages. Conservez en hiver, le plus longtemps possible, le fourrage sec que vous aurez emmagasiné, en réfléchissant que l'hiver durera longtemps[1]. »

Varron disait, en parlant des brebis tarentines[2] :

« On leur donne avec modération des feuilles de figuier, de la paille, du marc de raisin, du son, de telle sorte que la ration qu'on leur sert ne soit ni trop faible ni trop forte ; car l'excès dans un sens ou dans l'autre constitue un mauvais régime alimentaire. Mais ce qui leur convient par-dessus tout, c'est le cytise et la luzerne, qui les engraissent très-facilement et leur donnent du lait. »

Il dit, un peu plus loin, à propos de l'*orme*[3] :

---

[1] « Bubus frondem populeam, ulneam, querneam, ficul-« neamque, usquedum habebis, dato. Ovibus frondem viridem « usquedum habebis, præbeto. Ubi sementim facturus eris, ibi « oves delegato, et frondem usque ad pabula matura dato. « Pabulum aridum, quod condideris in hyeme, quam maxime « conservato, cogitatoque hyems quam longa fiet. »

[2] « Folia ficulnea, et palea, et vinacea, furfures, objiciuntur, « ne parum, vel nimium saturentur ; utrumque enim ad cor-« pus alendum inimicum. At maxime amicum cytisum, et me-« dica ; nam et pingues facit facillime, et gignit lac. » (Lib. II, cap. II.)

[3] « Et ubi est campus, nulla potior arbor seritur, quod

« On ne saurait planter, dans une propriété, aucun arbre qui lui soit préférable ; il est, en effet, très-productif, il soutient les clôtures, protége quelques ceps de vignes, fournit un *feuillage extrêmement agréable* aux brebis et aux bœufs, et produit du bois pour les clôtures, pour le four et pour le foyer. »

Columelle revient souvent sur cet emploi des feuilles d'arbres pour l'alimentation du bétail, et entre à ce sujet dans des détails qui montrent suffisamment l'importance qu'on y attachait de son temps.

« Pour donner plus de lait aux chèvres, dit-il, on doit leur donner de la graine d'orme, ou du cytise, ou du lierre, ou même des sommités de rameaux de lentisques et d'autres feuillages tendres[1]. »

Ailleurs, il s'exprime ainsi :

« Dès le commencement de juin, si l'herbe verte vient à manquer, nous aurons, jusqu'à la fin de l'automne, les ressources de notre récolte de feuilles[2]. »

« maxime fructuosa, quod et sustineat sepem, ac colit aliquot
« corbulos uvarum, et *frondem jucundissimam* ministrat ovi-
« bus ac bubus, ac virgos præbet sepibus, et foco, ac furno. »
(Lib. II, cap, xv.)

[1] « Lib. VII, cap. VI, *de Caprino pecore*, passim. Super lactis
« abundantiam samera, vel cytisus, aut hedera præbenda, vel
« etiam cacumina lentisci, aliæque tenues frondes objiciendæ
« sunt. »

[2] « A kalendis junii, si jam defecit viridis herba, usque

Un peu plus loin, en parlant des travaux à faire au commencement d'août, il ajoute [1] :

« Il ne faudra pas oublier, à cette époque et pendant le mois d'août, de *cueillir des feuilles* le matin et le soir pour le bétail. »

Enfin Columelle, en décrivant les diverses espèces d'arbres qu'il convient de cultiver dans une métairie, et en insistant sur les avantages particuliers à chacun d'eux, revient encore sur l'emploi qu'on peut faire de leurs feuilles pour l'alimentation des animaux.

« L'orme d'Atinie, dit-il, est beaucoup plus vigoureux et plus élevé que notre orme indigène, et produit aussi un feuillage plus agréable aux bœufs ; un troupeau qui en a été constamment nourri manifeste une sorte de répugnance lorsqu'on lui donne des feuilles de l'autre espèce (espèce commune).

« Aussi, quand cela sera possible, on fera bien de ne planter, sur un domaine, que la seule variété d'orme d'Atinie ; ou au moins on devra tâcher de mettre alternativement en nombre égal, dans la disposition des lignes, les ormes indigènes et les ormes exotiques ; il en résultera qu'on aura toujours

« ad ultimum autumnum frondem cæsam præbebimus. » (Lib. XI.)

[1] « Meminisse oportebit, ut per hos et augusti mensis dies « antelucanis et vespertinis temporibus frondem pecudibus « cædamus. » (Lib. XI.)

les feuilles mélangées, et les animaux, alléchés par cette sorte d'assaisonnement, consommeront une plus forte ration [1]. »

Il ajoute, un peu plus loin :

« ..... Le frêne, qui est très-agréable aux chèvres et aux moutons, et n'est pas dédaigné par les bœufs, vient fort bien dans des lieux escarpés et montueux, où l'orme réussit moins bien ; mais la plupart des cultivateurs préfèrent l'orme, parce qu'il supporte parfaitement la vigne, procure aux bœufs un excellent fourrage, et prospère dans des terrains très-divers [2]. »

Enfin Virgile, qui unissait au génie d'un grand poëte l'instruction agronomique des meilleurs agriculteurs de son temps, a plusieurs fois parlé, dans ses vers immortels, de cette récolte des feuilles.

[1] « Est autem ulmus Atinia longe lætior et procerior quam « nostra, frondemque jucundiorem bubus præbet ; qua cum « assidue pecus paveris, et postea generis alterius frondem « dare institueris, fastidium bubus affert. Itaque, si fieri po- « terit, agrum genere uno Atiniæ ulmi conseremus; si minus, « dabimus operam ut in ordinibus disponendis pari numero « vernaculas et Atinias alternemus; ita semper mixta fronde « utemur, et quasi hoc condimento illectæ pecudes fortius juste « cibariorum conficient. » (Lib. V, cap. VI.)

[2] « ..... Fraxinus, quæ capris et ovibus gratissima est, nec « inutilis bubus, locis asperis, montosis, quibus minus lætatur « ulmus, recte seritur. Ulmus, quod et vitem commodissime « patitur, et jucundissimum pabulum bubus offert, variisque « generibus soli provenit, a plerisque præfertur. » (Lib. V, cap. VI.)

Ainsi, dans sa première églogue, il dit (56ᵉ vers) :

Hinc alta sub rupe canet frondator ad auras.

« Là, du haut d'un roc élevé, le *frondator* fera retentir l'air
« de ses chants. »

Et dans sa neuvième églogue (60ᵉ et 61ᵉ vers) :

.... Ubi densas
Agricolæ stringunt frondes.....

« Pendant que les cultivateurs récoltent les feuilles abon-
« dantes. »

On avait même consacré un nom spécial pour désigner les ouvriers chargés de cette récolte ; c'étaient des *frondatores*.

La récolte des feuilles, qui offrait aux agriculteurs romains tant de ressources fourragères, n'a pas cessé, dans l'Italie moderne, d'être l'objet de soins tout particuliers et la source de grands avantages. Quoique sur divers points on cultive avec quelque succès les prairies artificielles, dans lesquelles figurent même des plantes qui paraissent avoir été inconnues de Columelle, on se trouve encore bien, et l'on est en quelque sorte obligé, principalement dans l'Italie centrale et dans le royaume de Naples, de recourir aux feuilles des arbres, recueillies dans les premiers jours de l'automne et conservées pour l'hiver.

Les bœufs du Pérugin, qui alimentent Rome de tant et de si bonne viande, ne sont engraissés, pendant la saison rigoureuse, qu'avec des raves et des feuilles desséchées.

La récolte de ces feuilles a toujours été un des principaux motifs du mariage des vignes aux grands arbres. L'orme, l'érable et les meilleures variétés de frêne, procurent un bon et abondant feuillage, en même temps qu'ils sont pour la vigne un excellent support. A ces avantages ils joignent celui de ne pas nuire, vu la hauteur à laquelle on les élague, à la prospérité de certaines cultures très-productives.

C'est à la fin de septembre et au commencement d'octobre, comme au temps de Columelle, qu'on procède à la récolte des feuilles. C'est l'époque de leur maturité, c'est le temps où elles conservent encore toute leur saveur et toutes leurs facultés nutritives ; c'est le moment où l'on peut les détacher des arbres sans porter à ceux-ci un notable préjudice ; c'est la saison où le soleil répand encore assez de chaleur pour en opérer assez rapidement une dessiccation suffisante. La conservation s'en fait le plus souvent dans des tonneaux où on les couvre après les avoir pressées. Quelques cultivateurs les empilent dans des fosses, espèces de silos comme ceux dans lesquels on conserve ailleurs les betteraves ou les pommes de terre ; d'autres foulent dans ces fosses, par couches alternatives, des feuilles et du marc de raisin, puis recouvrent le tout pour préserver le mélange de l'action de l'air et d'une fermentation de mauvaise nature. Bien conservées, ces feuilles donnent une excellente et peu coûteuse provision d'un bon fourrage sec ; elles sont recherchées par les bestiaux ; elles les nourissent bien et les engraissent rapidement.

En terminant par l'*ers* et par le *lupin* cette revue des matières destinées, chez les anciens, à l'alimentation du bétail, nous nous réservons de revenir encore sur cette question, lorsque nous chercherons à donner une idée du régime auquel étaient soumises les bêtes de travail et les bêtes de rente, à cette époque si éloignée de nous.

Pline disait, à propos du lupin [1] :

« Le lupin est d'un fréquent usage, parce qu'il sert tout aussi bien à l'homme qu'au bétail... Un modius (un décalitre) de lupin suffit pour rassasier un bœuf et lui donner de la vigueur... S'il a été mangé en herbe, on devra immédiatement labourer le champ qui l'a produit. »

Cassius Dyonisius d'Utique disait, à propos de l'*ers* (lentille ervillière) :

« Donnez tous les mois à vos bœufs, pour les fortifier, de l'ers moulu délayé dans leur boisson [2]. »

Pline, en parlant de cette même plante, donne de plus longs détails sur sa culture et sur son mode d'emploi.

---

[1] « Lupini est usus proximus, quum sit homini et quadrupe-
« dum generi ungulos habenti communis.... Bovem unum
« modii singuli satiant, validumque præstant.... Si depastum
« sit in fronde, inarari protinus solum opus est. » (Lib. XVIII,
cap. XXXVI, *passim*.)

[2] « Ervum maceratum, tritum, singulis mensibus in potu
« exhibe ut boves non fiant debiles. » (Lib. XVII, cap. IV.)

« L'ers, dit-il, veut une terre maigre et sèche : car il pourrit le plus souvent lorsqu'il végète trop vigoureusement. On peut le semer en automne, ou après le solstice d'hiver, à la fin de janvier, ou pendant tout février, pourvu que ce soit avant les premiers jours de mars. Les agriculteurs prétendent que ce dernier mois ne convient pas à l'ers, parce que celui qui a été semé à cette époque est nuisible aux troupeaux, et surtout aux bœufs, qui deviennent rétifs lorsqu'ils en mangent : il en faut cinq modius pour ensemencer un jugère (environ 100 litres par hectare).

« Dans l'Espagne Bétique, on donne aux bœufs, au lieu d'ers, de la *gesse* moulue. Quand elle a été concassée par la meule peu serrée, on la fait un peu macérer dans de l'eau jusqu'à ce qu'elle s'y soit amollie, et dans cet état on la distribue aux animaux, mêlée avec de la paille broyée. Douze livres[1] d'ers (un peu plus de 4 kilogr.) suffisent pour une paire de bœufs, mais il faut seize livres de gesse (environ 5 kilogr. et demi). Cette dernière peut servir à l'homme, et n'est pas désagréable au goût ; sa saveur ne diffère en rien de celle de la *cicerole* ; la couleur seule fait la différence ; car la gesse est plus foncée, tirant plus sur le noir. On le sème au mois de mars après un premier ou un second labour, selon le plus ou moins de fertilité du sol. Il faut par jugère quatre

---

[1] La livre romaine valait 341 grammes.

modius de semence (160 litres par hectare), quelquefois trois (120 litres), ou même seulement deux et demi (100 litres), suivant les circonstances [1]. »

Si l'on compare à l'état actuel de nos connaissances en ce qui concerne les matières propres à l'alimentation du bétail, les documents qui nous permettent d'apprécier ce qu'on savait et ce qu'on pratiquait il y a près de vingt siècles, on restera convaincu, comme nous, qu'à l'exception du trèfle et du sainfoin, le répertoire alimentaire de notre agriculture moderne n'est pas beaucoup plus riche que celui de Columelle, puisque l'usage de certaines plantes-racines (navets, raves), était alors déjà connu.

« Ervum autem lætatur loco macro, nec humido, quia
« luxuria plerumque corrumpitur. Potest et autumno seri,
« nec minus post brumam, januarii parte novissima, vel toto
« februario, dum ante kalendas martias : quem mensem uni-
« versum negant agricolæ huic legumini convenire, quod eo
« tempore pecori sit noxium, et præcipue bubus, quos pa-
« bulo suo cerebrosos reddat. Quinque modiis jugerum obse-
« ritur.

« Cicera bubus ervi loco fresa datur in Hispania Bœtica :
« quæ quum suspensa mola divisa est, paulum aqua maceratur,
« dum lentescat, atque ita mixta paleis subtritis pecori præ-
« betur; sed ervi duodecim libræ satisfaciunt uni jugo, ciceræ
« sexdecim. Eadem hominibus non inutilis, neque injucunda
« est ; sapore certe nihilo differt a cicercula, colore tantum
« discernitur ; nam est obsoletior, et nigro propior. Seritur
« primo vel altero sulco, mense martio, ita ut postulat soli
« lætitia, quod eadem quatuor modiis, nonnumquam et tri-
« bus, interdum etiam duobus ac semodio jugerum occupat. »
(Lib. II, cap. xi.)

N'en soyons ni surpris ni découragés ; alors, comme aujourd'hui, les animaux indiquaient eux-mêmes à l'homme, par leurs préférences réitérées, ce qui leur convenait le mieux, ce qui leur était le plus profitable, et l'observation attentive de la nature a toujours été, en agriculture, l'origine et le point de départ du progrès.

TROISIÈME PARTIE

Logement et hygiène générale du bétail.

———

Nous avons été conduit, dans la première partie de ces études, à reconnaître que les agronomes anciens dont les ouvrages nous ont été transmis pourraient encore faire honnête figure sur bien des points, au milieu des agronomes les plus distingués de notre époque, par les écrits qu'ils nous ont laissés sur les prés naturels, sur les prairies artificielles et sur les plantes fourragères diverses ou parties de plantes susceptibles d'être employées pour l'alimentation des animaux.

Nous allons essayer maintenant, par la *citation textuelle* de quelques fragments des conseils qu'ils nous ont laissés relativement au logement et à l'hygiène du bétail, de donner une idée de l'état de leurs connaissances sur cette branche si importante de toute bonne agriculture.

En parlant de la disposition des bâtiments divers

destinés à une exploitation agricole, Columelle s'exprime ainsi [1] :

« On disposera pour les bestiaux des étables qui n'aient à redouter ni le froid ni la trop grande chaleur…. Ayez pour les bêtes de travail de doubles étables, les unes pour l'hiver, les autres pour l'été ; quant aux autres bestiaux qu'on doit entretenir dans la ferme, disposez pour eux des retraites couvertes, et d'autres en plein air, entourées de hautes murailles, de manière qu'ils puissent, en hiver dans les premières, en été dans les dernières, se reposer à l'abri des attaques des bêtes féroces.

« Toutes ces étables seront disposées de manière qu'il n'y puisse arriver aucune humidité du dehors, et de manière à faciliter le prompt écoule-

---

[1] « Pecudibus fient stabula, quæ neque frigore, neque calore infestentur…. Domitis armentis duplicia bubilia sint, hiberna atque æstiva ; ceteris autem pecoribus, quæ intra villam esse convenit, ex parte tecta loca, ex parte sub dio, parietibus aliis circumsepta, ut illic per hiemem, hic per æstatem sine violentia ferarum conquiescant. Sed omnia stabula sic ordinentur, ne quis humor influere possit, et ut quisque, qui ibi conceptus fuerit, quam celerrime dilabatur, ut nec fundamenta parietum corrumpantur, nec ungulæ pecudum.

« Lata bubilia esse oportebit pedes decem, vel minime novem : quæ mensura et ad procumbendum pecori, et jugario ad circumeundum laxa ministeria præbeat. Non altius edita esse præsepia convenit, quam ut bos aut jumentum sine incommodo stans vesci possit….

« Bubulcis pastoribusque cellæ ponantur juxta sua pecora, ut ad eorum sit opportunus excursus. » (*Colum.*, lib. I, cap. VI.)

ment de celle qui pourrait s'y produire. On évitera ainsi la détérioration des murs, et celle de la corne des pieds des animaux.

« Les bouveries devront avoir dix pieds (environ 3ᵐ) de largeur, ou au moins neuf pieds (environ 2ᵐ,7) ; ces dimensions sont nécessaires pour que les animaux puissent se coucher, et pour que le bouvier puisse aisément circuler autour d'eux. Les crèches ne devront pas être trop élevées, afin de permettre au bœuf et à la bête de somme d'y prendre facilement leur nourriture lorsque ces animaux sont debout.....

« Les chambres destinées aux bouviers et aux bergers devront être situées auprès des animaux confiés à leurs soins, afin qu'il leur soit plus facile d'y veiller en temps convenable. »

Plus loin, dans le livre consacré plus spécialement à l'économie du bétail, Columelle ajoute encore, à propos de la construction des étables, les recommandations suivantes[1] :

« Les meilleures étables sont celles dont le sol est pavé ou recouvert de gravier ; le sable peut être employé aussi sans inconvénient au même usage : dans le premier cas, les eaux sont rejetées ; dans le second, elles sont promptement absorbées.

---

[1] « Stabula sunt optima quæ saxo aut glarea strata ; non in-
« commoda tamen etiam sabulosa ; illa, quod imbres re-
« spuant ; hæc, quod celeriter sorbeant, transmittantque ; sed
« utraque devexa sint, ut humorem effundant, spectentque
« ad meridiem, ut facile siccentur, et frigidis ventis non sint
« obnoxia. » (Lib. VI, cap. xxIII.)

Mais on doit, dans tous les cas, donner assez de pente pour que l'humidité s'en écoule, et les orienter vers le midi, pour qu'elles sèchent aisément et n'aient pas à souffrir des vents froids. »

Palladius, qui paraît avoir profité souvent des conseils et de l'expérience de son devancier, s'exprime ainsi dans le chapitre qu'il consacre aux étables et aux écuries [1] :

« Les écuries et les étables devront être tournées vers le midi ; elles auront néanmoins au nord des fenêtres, qu'on puisse fermer en hiver pour qu'elles n'incommodent pas les animaux, et ouvrir en été pour donner de la fraîcheur. Les écuries et les étables seront au-dessus du niveau du sol, pour être à l'abri de l'humidité. »

Lorsqu'il s'agissait de certaines races plus délicates que les races communes, les anciens leur donnaient des soins particuliers dont Columelle nous cite un exemple, en parlant des troupeaux de race tarentine, dont la laine avait une valeur supérieure, à raison de sa beauté [2] :

[1] « Stabula equorum et boum meridianas quidem plagas « respiciant, non tamen egeant septentrionis luminibus, quæ « per hiemem clausa nihil noceant, per æstatem patefacta « refrigerent. Ipsa stabula ab omni humore suspensa sint. » (Lib. I, cap. xxi.)

[2] « .... Stabula frequenter everrenda et purganda, humorque « omnis urinæ diverrendus est, qui commodissime siccatur « perforatis tabulis, quibus ovilia consternuntur ut grex « supercubet. » (Lib. VII, cap. vi.)

« On doit, dit-il, balayer fréquemment leurs bergeries, en enlever le fumier et toutes les urines, qui pourraient y entretenir de l'humidité. Pour les tenir sèches, on trouve beaucoup d'avantage dans l'emploi de planchers à claires-voies sur lesquels le troupeau puisse se coucher. »

Nous ne suivrons pas les agronomes latins dans tous les nombreux détails qu'ils nous donnent sur les soins ordinaires à donner au régime alimentaire du bétail ; il faudrait faire de trop longues citations. Nous préférons montrer, à l'aide de quelques fragments de peu d'étendue, jusqu'où pouvaient aller leurs préoccupations pour placer dans de bonnes conditions hygiéniques les animaux qu'ils entretenaient sur leurs métairies.

Ecoutons d'abord les recommandations de Varron [1] :

« [1] .... Æstate quod tum prima luce exeunt in pastum, prop-
« terea quod tunc herba rosida, meridianam, quæ est aridior,
« jucunditate præstat. Sole exorto, puteo propellunt, ut redin-
« tegrantes rursus ad pastum alacriores faciant. Circiter me-
« ridianos æstus, dum defervescunt, sub umbriferas rupes, et
« arbores patulas subjiciunt, quoad refrigerato aere vespertino,
« rursus pascant ad solis occasum.... Ab occasu parvo in-
« tervallo interposito ad bidendum appellunt, et rursus
« pascunt quoad contenebravit ; iterum enim tum jucunditas
« in herba redintegravit.... Hæc ab Vergiliarum exortu ad
« æquinoctium autumnale maxime observant. Reliquæ pas-
« tiones hiberno ac verno tempore hoc mutant, quod pruina
« jam exhalata propellunt in pabulum, et pascunt diem totam,
« ac meridiano tempore semel agere potum satis habent.... »
(Lib. II, cap. ii.)

« En été, on conduit au pâturage le troupeau dès le point du jour, alors que l'herbe, couverte de rosée, est plus savoureuse qu'au milieu du jour, où elle est desséchée. Lorsque le soleil est levé, on conduit les animaux à l'abreuvoir, afin de les exciter encore à paître. Vers le midi, pendant les grandes chaleurs, on les conduit à l'ombre, sous des rochers ou sous des arbres touffus ; puis, lorsque vers le soir l'air se rafraîchit, on les remet en pâture jusqu'au coucher du soleil...... Peu de temps après le coucher du soleil, on les fait boire et paître de nouveau jusqu'à la nuit close, parce que l'herbe reprend alors toute sa saveur...... On gouverne ainsi les troupeaux depuis l'époque du lever des Pléiades jusqu'à l'équinoxe d'automne. Le pâturage d'hiver, comparé à celui du printemps, présente cette différence qu'on attend, pour conduire les animaux aux champs, que la gelée blanche soit dissipée ; qu'on les fait pâturer toute la journée, et qu'ils ne boivent qu'une fois, vers midi...... »

Nous retrouverons également, dans Columelle, cette recommandation de ne pas conduire les animaux dans les champs sans précaution pendant le temps des gelées.

« .... Pendant l'hiver, dit-il, et au printemps[1], on

---

[1] « Hieme.... et vere, matutinis temporibus intra septa contineantur, dum dies arvis gelidicia detrahat ; nam pruinosa iis diebus herba pecudi gravedinem creat ventremque proluit. » (Lib. VII, cap. VII, *passim*.)

retient toute la matinée le troupeau dans la bergerie, jusqu'à ce que la chaleur du jour ait fait disparaître des champs la gelée blanche ; car l'herbe
qui en est couverte à cette époque occasionne des
rhumes et relâche le ventre des animaux. »

On pratiquait également déjà, pour certaines
races privilégiées, la stabulation permanente, car
Palladius[1] dit : « Il est d'usage de nourrir à l'étable plutôt qu'aux champs les brebis grecques,
comme celles d'Asie et de Tarente ; le sol des bergeries dans lesquelles on les abrite est recouvert
de planches percées, qui, en donnant à l'humidité
une issue facile, permettent aux animaux de se
coucher sans endommager leurs précieuses toi-
sons. »

La lecture de Columelle nous montre ce grand
agronome étendant une surveillance active jusque
dans les moindres détails de l'élevage. Ainsi, en
parlant des *jeunes agneaux* parvenus à l'âge où
ils commencent à bondir, il prescrit en ces termes
les soins et le régime alimentaires qui leur con-
viennent [2] :

---

[1] « Græcas oves, sicut Asianas et Tarentinas, moris est potius stabulo nutrire quam campo, et pertusis tabulis solum
in quo claudentur insternere, ut sic tuta cubilia, propter
injuriam pretiosi velleris, humor redeat elabens. » (Lib. XII,
cap. XIII.)

[2] « Satis est mane, priusquam grex procedat in pascua,
deinde etiam crepusculo redeuntibus saturis ovibus admis-
cere agnos, qui quum firmi esse cœperint, pascendi sunt
intra stabulum cytiso, vel medica, tum etiam furfuribus,

« Il suffira, le matin, avant que le troupeau se
mette en route pour le pâturage, et le soir à son retour, quand les brebis sont bien rassasiées, de leur
donner leurs agneaux. Lorsque ceux-ci commen-
ceront à prendre de la vigueur, on les nourrira à
l'étable avec du cytise ou de la luzerne, ou même
avec du son, et si on en a en quantité suffisante,
avec de la farine d'orge ou d'ers. Ensuite, quand
ils seront assez forts, on amènera les mères, vers
midi, dans des prairies ou des jachères voisines de
la ferme, et on fera sortir les agneaux de leur en-
clos, afin qu'ils apprennent à paître dehors. »

Nous retrouvons souvent aussi, dans les agronomes latins, la recommandation de bien alimenter
les vaches et les brebis pendant l'allaitement. Nous
nous bornerons à une seule citation, empruntée à
Palladius. Il dit, en parlant des travaux du mois
d'*avril* [1] : « C'est dans ce mois que naissent communément les veaux ; n'épargnez pas le fourrage
aux mères, afin qu'elles puissent suffire à la tâche
qu'on leur impose, et bien allaiter leurs élèves. On
donnera aux veaux du millet grillé et moulu délayé dans du lait. »

« aut, si permittat annona, farina hordei vel ervi. Deinde,
ubi convaluerint, circa meridiem, pratis aut novalibus villæ
contiguis matres admovendæ sunt, et a septo emittendi agni,
ut condiscant foris pasci. » (Lib. VII, cap. iii.)

[1] « Hoc mense vituli nasci solent, quorum matres abundantia pabuli juventur, ut sufficere possint tributo laboris
et lactis ; ipsis autem vitulis tostum molitumque milium
cum lacte misceatur.

Si, dans ces derniers temps, on s'est ému avec raison des fâcheuses conséquences des mauvais traitements infligés aux animaux ; si notre siècle peut revendiquer l'honneur d'avoir pris ces derniers sous sa protection légale, pour les soustraire à la brutalité de leurs conducteurs, lorsque cette brutalité dépasse certaines limites, il est juste aussi de reconnaître que les anciens recommandaient la douceur envers les animaux, et qu'on trouve, dans leurs écrits, d'excellents conseils pour le dressage. « Le bouvier, disait Columelle[1], pour se faire craindre de ses bœufs, doit se servir de la voix plutôt que de son fouet, et les coups ne seront employés que comme un remède extrême envers les plus récalcitrants. Il ne devra jamais se servir de l'aiguillon pour exciter les jeunes bœufs, il les rendrait revêches et rétifs ; cependant il peut les avertir de temps à autre avec le fouet. Il ne les arrêtera jamais au milieu d'un sillon, et ne les laissera reposer qu'au bout du champ ; les bœufs, avec cette perspective d'arrêt, s'efforceront de franchir l'espace avec plus d'agilité. »

Il serait facile de multiplier beaucoup plus les

[1] « Voce potius quam verberibus boves terreat bubulcus, « ultimaque sint opus recusantibus remedia, plagæ ; nunquam « stimulo lacessat juvencum, quod retractantem, calcitro- « sumque eum reddit ; nonnunquam tamen admoneat fla- « gello. Sed nec in media parte versuræ consistat, detque « requiem in summa, ut spe cessandi totum spatium bos « agilius enitatur. » (Lib. II, cap. ii.)

citations, mais celles qui précèdent, choisies presque au hasard, m'ont paru suffisantes pour donner une idée des soins qu'on apportait à l'hygiène générale du bétail, il y a près de vingt siècles, dans les exploitations romaines bien tenues.

QUATRIÈME PARTIE.

Alimentation et entretien du bétail.

Parmi les préceptes que nous ont légués dans leurs écrits les agronomes de l'antiquité, il en est un, formulé par Columelle, qui devrait être inscrit dans tous les livres de lecture destinés à nos écoles rurales.

« *Tous vos animaux*, dit l'illustre agronome, *doivent recevoir une abondante nourriture ; car un troupeau, même peu nombreux, quand il est bien nourri, donne plus de profit à son propriétaire qu'un troupeau bien plus considérable qui souffrirait de la disette* [1]. »

Dans cette quatrième partie, comme dans les précédentes, pour rester fidèle au titre modeste de ces

---

[1] « Omni autem pecudi larga præbenda sunt alimenta : nam « vel exiguus numerus, quum pabula satiatur, plus domino « reddit, quam maximus grex, si senserit penuriam. » (Columelle, lib. VII, cap. III.)

Etudes, nous bornerons nos citations des auteurs latins aux fragments qui paraissent les plus propres à donner une idée de la manière dont le bétail était nourri et entretenu chez les Latins il y a dix-huit à vingt siècles.

Dans son langage concis, Caton indique en ces termes la provision de fourrage nécessaire pour nourrir toute une année chaque attelage des bœufs de son temps et de son pays [1] :

« Il faut, pour l'entretien annuel de chaque paire de bœufs, cent vingt modius (12 hectolitres) de graine de lupin, deux cent quarante modius (24 hectolitres) de gland, mille cinq cent soixante et onze livres (556 kilogrammes) de foin, autant de dragée, trente modius (3 hectolitres) de féveroles.

« Veillez en outre avec soin à semer une suffisante quantité de vesce. Quand vous sèmerez des fourrages, semez-en à plusieurs reprises. »

Pendant la lecture des auteurs latins, nous n'avons trouvé aucun passage qui nous autorise à penser qu'ils fissent usage, pour l'alimentation du bétail, des tourteaux de graines oléagineuses comme ceux qu'on emploie de nos jours ; mais s'ils n'employaient pas le tourteau comme nous, ils faisaient assez souvent usage de la lie d'huile,

[1] « Bubus cibaria annua in juga singula lupini modios CXX « ac glandis modios CCXL, fœni pondo MDLXXI, ocymi tan-« tumdem ; fabæ modios XXX.

« Præterea generatim videto ubi satis viciæ seras. Pabulum « cum seres, multas sationes facito. » (Cap. LXI.)

comme l'atteste le passage suivant de Caton[1] :

« Pour donner aux bœufs de la vigueur, pour les bien soigner, pour rendre plus appétissant le fourrage qu'ils rebutent, aspergez de lie d'huile celui que vous leur donnerez ; vous en mettrez peu d'abord, jusqu'à ce qu'ils y soient habitués, puis vous augmenterez ensuite la dose. Vous leur en ferez boire de temps en temps, mélangée d'eau par moitié, à quatre ou cinq jours d'intervalle. Si vous suivez cette pratique, vos bœufs seront en meilleur état, et vous éviterez des maladies. »

C'est dans Columelle que nous trouvons les indications les plus circonstanciées sur l'alimentation du bétail, et du bœuf en particulier, aux différentes époques de l'année. Voici comment il s'exprime dans le chapitre consacré à l'alimentation des bœufs[2] :

« Il y a plusieurs manières de bien nourrir les bœufs. Si la fertilité de la contrée lui permet de

---

[1] « Boves uti valeant, et curati bene fient, et qui fastidient
« cibum, uti magis cupide appetant, pabulum, quod dabis,
« amurca spargito, primo paululum, dum consuescant, postea
« magis, et dato rarenter bibere, commixtam cum aqua æqua-
« biliter quarto, quintoque die. Hoc si feceris, ita boves et
« corpore curatiores erunt, et morbus aberit. » (Cap. CIV.)

[2] *De boum cibariis.*

« Boves recte pascendi non una ratio est : nam si ubertas
« regioni viride pabulum subministrat, nemo dubitat quin id
« genus cibi cæteris præponendum sit ; quod tamen nisi riguis
« aut roscidis locis non contigit ; itaque in iis ipsis vel maxi-

produire du fourrage vert, personne ne doute que ce genre de nourriture ne soit préférable à tout autre ; mais c'est ce qui n'arrive que dans les terres arrosées ou naturellement fraîches. Aussi ces lieux sont-ils fort avantageux, puisqu'un seul homme suffit pour deux attelages, qui, dans le même jour, labourent et paissent alternativement. Dans les terrains secs, on nourrit les bœufs à la crèche, et on subordonne leur alimentation aux fourrages que produit le pays ; et personne ne doute que les meilleurs se composent de vesce en bottes, de cicérole, et de foin de pré. Il y a moins d'avantage à entretenir des bestiaux avec de la paille, qu'on peut se procurer partout, et qui est même la seule res-

« mum commodum est, quod sufficit una opera duobus jugis,
« quæ eodem die alterna temporum vice vel arant, vel pas-
« cuntur. Siccioribus agris ad præsepia boves alendi sunt,
« quibus pro conditione regionum cibi præbentur : eosque
« nemo dubitat quin optimi sint vicia in fascem ligata, et ci-
« cercula, itemque pratense fœnum. Minus commode tuemur
« armentum paleis, quæ ubique, et quibusdam regionibus
« solæ, præsidio sunt : ea probantur maxime ex milio, tum
« ex hordeo, mox etiam ex tritico. Sed jumentis justam operam
« reddentibus, hordeum præter has præbeatur. Bobus autem
« pro temporibus anni pabula dispensantur. Januario mense
« singulis fresi et aqua macerati ervi quaternos sextarios mixtos
« paleis dare convenit, vel lupini macerati modios, vel cicer-
« culæ maceratæ semodios, et super hæc affatim paleas. Licet
« etiam, si sit leguminum inopia, et eluta et siccata vinacia,
« quæ de lora eximuntur, cum paleis miscere ; nec dubium
« est quin ea longe melius cum suis folliculis antequam
« eluantur præberi possint : nam et cibi et vini vires habent,
« nitidumque et hilare, et corpulentum pecus faciunt. Si

source de certains cantons : la plus estimée toutefois est celle du millet, puis celle de l'orge, et ensuite celle du froment. Outre la paille, il faut donner de l'orge en grain aux animaux qui travaillent. Au surplus, on règle la nature et la quotité de la ration des bœufs d'après les divers temps de l'année. Au mois de janvier, il convient de livrer à chaque animal quatre sextarius (environ 6 litres) d'ers moulu, macéré dans l'eau et mêlé de paille, ou bien un modius (10 litres) de lupins macérés, ou un demi-modius (5 litres) de cicérole également macérée, et en outre de la paille en abondance. Si l'on manque de ces grains, on pourra mêler à la paille du marc de raisins séché après l'extraction de la piquette ; il est hors de doute qu'il serait préférable de le donner avec la pellicule des raisins et avant de l'avoir lavé ; car alors, plus substantiel, et conservant un peu de la force du vin, il procurerait aux bœufs un poil lisse, de la gaîté et de l'embonpoint.

« Si on ne leur donne pas de grain, il suffira de leur donner une corbeille de vingt modius (2 hectolitres) de feuilles sèches, ou trente livres (environ 10 kilogrammes) de foin, ou bien un modius (10

« grano abstinemus, frondis aridæ corbis pabulatoria modio-
« rum viginti sufficit, vel fœni pondo triginta, vel si non,
« modius viridis laureæ et illigneæ frondis ; sed his, si regio-
« nis copia permittat, glans adjicitur, quæ si ad satietatem de-
« tur scabiem parit. Potest etiam, si proventus utilitatem
« facit, semodios fabæ fresæ præberi. Mense februario ple-

litres) de feuilles vertes d'yeuse e t de laurier ; mais
à ces dernières, lorsque les ressources du pays le
permettent, on ajoute du gland, quoiqu'il engendre
la gale quand on leur en donne à satiété. On peut
encore, si la récolte permet de le faire, leur donner
un demi-modius (5 litres) de fèves moulues. Ordinairement la même ration suffit au mois de février.
En mars et en avril on doit augmenter la ration de
foin, parce qu'à cette époque a lieu le labourage.
Toutefois, quarante livres (13, $^{kil.}$7) de ce fourrage
suffisent pour chaque bœuf ; mais depuis les ides
du mois d'avril jusqu'aux ides de juin, il sera bon
de couper du fourrage vert, et on pourra même,
dans les contrées fraîches, en donner jusqu'aux calendes de juillet. Depuis cette époque jusqu'aux
calendes de novembre, pendant tout l'été, et ensuite
dans l'automne, on nourrit les bestiaux avec des
feuilles, qui pourtant ne sont vraiment bonnes que
lorsqu'elles ont mûri sous l'influence des pluies ou
de continuelles rosées. On estime surtout les feuilles
de l'orme, puis celles du frêne, et ensuite celles du
peuplier ; les moins bonnes sont celles de l'yeuse,
du chêne et du laurier ; mais quand l'été est passé,

« rumque eadem cibaria sufficiunt. Martio et aprili debet ad
« fœni pondus adjici, quia terra proscinditur : sat autem erit
« pondo quadragena singulis dari ; ab idibus tamen mensis
« aprilis usque in idus junias, viride pabulum recte secatur :
« potest etiam in kalendas julias frigidioribus locis idem
« præstari. A quo tempore in kalendas novembres tota æstate,
« et deinde autumno satiantur fronde ; quæ tamen non ante

à défaut d'autres, elles deviennent nécessaires. On peut employer aussi les feuilles de figuier, si l'on en a en abondance, ou s'il est devenu nécessaire d'émonder ces arbres.

« La feuille de l'yeuse est préférable à celle du chêne, pourvu qu'elle provienne d'une espèce qui n'ait pas de piquants ; car cette dernière, comme celle du genévrier, est rebutée par les animaux, à cause de ses aiguillons. Aux mois de novembre et de décembre, pendant les semailles, il faut fournir aux bœufs autant de nourriture qu'ils en désirent ; toutefois, il suffit ordinairement de leur donner un modius (10 litres) de glands, avec de la paille à discrétion, ou bien un modius (10 litres) de lupins macérés, ou sept sextarius (11, lit. 5) d'ers arrosé d'eau et mêlé avec de la paille, ou douze sextarius (20 litres) de cicérole également arrosée et mêlée

« est utilis, quam quum maturuerit vel imbribus, vel assiduis
« roribus : probaturque maxime ulmea, post fraxinea, et ab
« hac populnea; ultimæ sunt ilignea, et quernea, et laurea:
« sed post æstatem necessariæ, deficientibus cæteris Possunt
« etiam et folia ficulnea probe dari, si eorum copia, aut strin-
« gere arbores expediat. Ilignea tamen melior est quernea,
« sed ejus generis quod spinas non habet ; nam id quoque,
« uti juniperus, respuitur a pecore propter aculeos. Novembri
« mense ac decembri, per sementem, quantum appetit bos,
« tantum præbendum est : plerumque tamen sufficiunt sin-
« gulis modii glandis, et paleæ ad satietatem datæ, vel lupini
« macerati modii, vel ervi aqua conspersi sextarii VII permixti
« paleis, vel cicerculæ similiter conspersæ sextari, XII, mixti
« paleis, vel singuli modii vinaceorum, si iis, ut supra dixi,
« large paleæ adjiciantur; vel si nihil horum est per se, fœni
« pondo quadraginta. » (Lib. VI, cap. III.)

avec de la paille, ou bien encore un modius (environ 10 lit.) de marc de raisins ; si l'on peut y ajouter beaucoup de paille. Enfin, si vous n'avez aucune des matières alimentaires précédentes à votre disposition, donnez 40 livres de foin (environ 13 kilogrammes et demi). »

Nous retrouvons encore, dans d'autres parties de l'ouvrage de Columelle, et dans celui de Palladius, des citations de même nature que nous nous abstiendrons de reproduire, parce qu'elles n'ajouteraient que fort peu de chose aux renseignements précédents, qui nous ont paru suffisants pour donner une idée du régime alimentaire auquel était soumis le bœuf dans les anciennes métairies du pays latin.

CINQUIÈME PARTIE.

Production et élevage.

Cassius Dionysius nous a laissé, sur le choix des vaches, les recommandations suivantes :

« On doit choisir des vaches bien étoffées [1], longues de corps, de grosseur moyenne, bien encornées, ayant le front large, les yeux noirs, les mâchoires *étroites*, les narines ouvertes, la gueule non bossue, la nuque longue et épaisse, une ample poitrine, les lèvres brunes, les flancs larges et les côtes bien faites, le dos large, le ventre grand, la

---

[1] « Vaccæ eligendæ sunt bene compactæ, corporibus oblon-
« gæ, justæ magnitudinis, probe cornutæ, latæ frontis, nigris
« oculis, maxillis contractis, simas non gibbosas, explicatas
« nares habentes, cervicem longam et crassam, pectorosæ, la-
« bris nigris, profundis lateribus, ac bene costatis ; lato tergo,
« habentes umbilicum magnum, caudam prælongam et ad
« calcanea pertingentem, multum pilosam, brachiis crassis,
« cruribus rectis, solidis, crassis magis quam longis, quæ non
« mutuo affrictu atteruntur, pedibus qui intereundum non
« nimium dilatantur, ungulis non valde disparatis, unguibus
« perfectis et æqualibus, pelle ad tactum leni et non ut li-
« gnum indurata. Probant et a colore optimas, eas quæ sunt
« flavescentes, eas quoque quæ nigra crura habent, ut gene-
« rosas probant. Bonum igitur est ut his omnibus a natura
« sit vacca ornata, sin minus, quam plurimis. » (Lib. XVII,
cap. ii.)

queue très-longue, descendant jusqu'aux talons, bien fournie de poils, les bras forts, les jambes droites, solides, plutôt grosses que longues, et ne se froissant pas mutuellement pendant le mouvement ; que leurs pieds ne se dilatent pas trop pendant la marche ; que leurs sabots, bien faits, ne diffèrent pas sensiblement entre eux ; que la peau soit douce au toucher, au lieu d'être endurcie et comme ligneuse. Quant à la couleur, on considère comme les meilleures celles dont la robe tire sur le jaune ; et on regarde comme de bonne race celles qui ont les jambes brunes. Il est donc avantageux de trouver dans une vache tous ces avantages naturels, ou du moins qu'elle possède la plupart de ces qualités. »

Nous trouvons déjà, dans ces conseils, une grande partie de ceux qu'on donnerait aujourd'hui sur le même sujet. La robe à laquelle notre auteur donne la préférence est précisément encore celle de quelques-unes de nos bonnes races françaises.

Le même auteur, en parlant des soins à prendre au sujet de la saillie, s'exprime en ces termes [1] :

« Trente jours avant la saillie, les vaches ne doivent pas manger jusqu'à satiété, car moins elles ont d'embonpoint, plus facilement elles retiennent. »

---

[1] « Vaccas triginta diebus antequam saliantur, cibo impleri « non est permittendum, quanto enim magis gracilescent, « tanto facilius semen concipiunt. » (Lib. XVII, cap. i.)

En parlant des taureaux, il se borne à quelques conseils généraux relatifs à la monte [1] :

« Deux mois avant la monte, dit-il, les taureaux ne doivent plus être envoyés avec les vaches aux pâturages communs ; mais on doit leur donner en abondance de l'herbe et du foin, et si cette nourriture ne suffit pas, de la gesse, ou de l'ers, ou de l'orge trempé.

« Au-dessous de deux ans, ils ne sont pas encore propres à la monte ; il en est de même lorsqu'ils ont atteint douze ans. On en peut dire autant des vaches. »

Sous le rapport de l'âge le plus propre à la saillie, les agronomes latins ne sont pas du même avis que nos éleveurs normands, qui vendent le plus souvent ou font castrer leurs taureaux à deux ou trois ans, ou peu après, ne les considérant plus comme propres à faire un bon service quand ils ont passé cet âge, parce qu'ils deviennent trop lourds.

Cette différence d'opinion, si elle est suffisamment motivée, pourrait jusqu'à un certain point s'expliquer par une plus grande précocité des taureaux d'élite ; et cette grande précocité elle-même

---

[1] « Tauri duobus ante admissuram mensibus, non sunt di-
« mittendi ad communia pascua cum vaccis, verum implendi
» sunt herba aut fœno, et si pabulum hoc non sufficiat, cicere,
« aut ervo, aut hordeo macerato.

« Minores annis duobus non sunt idonei admissuræ, sed
« neque seniores duodecim. Idem etiam de vaccis intelligen-
« dum est. »

peut être considérée comme le résultat d'une alimentation plus substantielle. Du reste, dans les
pays où l'agriculture, peu avancée, ne permet pas
de soumettre les animaux à une aussi bonne alimentation, on partage encore l'opinion des anciens.
Nous pourrions ajouter que la castration vers deux
ans, ou peu après cet âge, permet encore d'en faire
des bœufs de bonne qualité, ce qui ne serait plus
possible dans le cas d'une castration tardive. C'est
peut-être là une des meilleures raisons que puissent alléguer nos éleveurs de Normandie.

Cassius Dionysius revient encore un peu plus
loin, et avec quelques détails de plus, sur le même
sujet, dans un chapitre intitulé : *A quel âge doit
commencer la saillie dans l'espèce bovine* [1].

« Les femelles ne doivent pas être saillies avant
l'âge de deux ans, afin qu'elles fassent leur premier
veau à trois ans. Le vêlage à quatre ans est encore
préférable.

« La vache n'est guère féconde que jusqu'à dix
ans.

« L'époque la plus convenable pour la monte

[1] *A qua ætate incipienda admissura boum.*

« Inire oportet non minores duobus annis, ut triennes pa-
« rient. Melius autem pariunt quadrimæ. Parit vacca ut plu-
« rimum ad annos usque decem..... Tempus admissuræ qua-
« drupedum a Delphini exortu, hoc est circa junii mensis
« principium, usque ad dies XL. Gestat in utero vacca men-
« sibus decem. Cæterum, steriles et imbecilles, et ætate provec-
« tiores, ex armentorum grege ejiciendæ sunt. Inutilis enim
« diligentia quæ circa inutilia adhibetur. »

commence au lever du Dauphin, c'est-à-dire vers
le commencement de juin, et dure environ quarante
jours. La vache porte dix mois. Celles qui sont
stériles, trop faibles ou trop avancées en âge, doivent
être réformées ; car il est inutile de consacrer des
soins à des choses dont on ne peut retirer un profit
raisonnable. »

Dans le chapitre qu'il consacre à la reproduction
du bétail, en rendant compte des travaux et des opérations relatives au mois de juillet, Palladius s'exprime ainsi [1] :

« C'est à cette époque surtout qu'il faut faire
saillir les vaches par le taureau. Comme elles portent
dix mois, elles se trouvent ainsi en état de vêler en
plein printemps, et l'on sait qu'après avor repris de
l'état dans cette saison, elles manifestent le désir de
l'accouplement. Columelle dit que quinze vaches
peuvent suffire à un taureau, et qu'il faut veiller à
ce qu'un excès d'embonpoint ne les empêche pas de
concevoir.

« Si le pays abonde en fourrages, on pourra faire
saillir les vaches tous les ans ; mais si la nourriture

---

[1]   *De armentis et gregibus multiplicandis.*

« Hoc tempore maxime tauris submittendæ sunt vaccæ, quia
« decem mensium partus sic poterit maturo vere concludi ; et
« certum est eas, post vernam pinguedinem, gestientes ve-
« neris amare lasciviam. Uni tauro quindecim vaccas Colu-
« mella asserit posse sufficere, curandumque ne concipere
« nequeant nimietate pinguedinis. Si abundantia pabuli est
« in regione qua pascimus, potest annis omnibus in fœturam

est peu abondante, on ne devra les faire couvrir que tous les deux ans, surtout si ces mêmes vaches sont habituellement employées à quelques travaux. »

En parlant de l'alimentation des veaux, Cassius Dionysius résume ainsi les prescriptions qui les concernent[1] :

« Les vaches qui allaitent seront nourries de cytise ou de luzerne, car ce genre de nourriture leur donnera plus de lait. Les veaux devront être castrés à deux ans, car il n'est pas avantageux de les castrer plus tard. »

L'élevage du cheval n'était sans doute pas pratiqué d'une manière aussi large que l'élevage des autres animaux dans la partie centrale de l'ancienne Italie romaine, car les renseignements qui nous ont été laissés par les agronomes latins sont en général peu étendus, et peu importants, s'ils n'ont pas été perdus. Voici ce que nous trouvons dans Cassius Dionysius[2] :

« vacca submitti ; si vero indigetur hoc genere, alternis tem- poribus onerandæ sunt, maxime si eædem vaccæ alicui operi servire consueverunt. » (Lib. VIII (julius), cap. IV.)

[1] *De vitulorum nutritione.*

« Lactantes boves cytiso aut medica nutriemus, sic enim connutritæ plus lactis habebunt. Cæterum vituli ipsi duo- rum annorum castrandi sunt. Nam serius castrari non est commodum. » (Lib. XVII, cap. VIII.)

[2] *De equis.*

« Equas feminas ex quibus pullos educabimus esse oportet bene compactas, et magnitudinem justam habentes, pul-

« Les juments dont nous voulons élever les poulains doivent être bien étoffées, de bonne taille, de belle apparence, avoir le bassin large vers la région des flancs et des lombes. Qu'elles n'aient pas moins de trois ans, et pas plus de dix ans. L'étalon doit être large dans ses formes, et bien étoffé dans toutes ses parties.

« Le temps de la saillie dure depuis l'équinoxe du printemps, c'est-à-dire du 22 mars au 22 juin, afin que le part ait lieu vers le moment le plus tempéré de l'année, quand les herbes et les prés sont verdoyants. En effet, la jument porte onze mois et dix jours, et les poulains conçus après le solstice d'été sont défectueux et de peu de valeur. Que pendant le temps de la saillie le cheval soit dispensé de travail, et qu'on n'exige pas de lui de trop nombreuses

« chrasque aspectu, habereque latitudinem in partibus alvi
« juxta ilia et lumbos.
« Ætate sint non minores annis tribus, neque seniores annis
« decem.
« Equum vero admissarium corporis complexu esse oportet
« magnum, et partibus omnibus bene compactum.
« Tempus saliendi ab æquinoctio verno, hoc est a vigesima
« secunda martis, usque ad secundam et vigesimam junii,
« quo partus fiat circa temperatissimum anni tempus, in quo
« herbæ ac gramina virescant. Gestat enim equa in utero men-
« ses undecim, et dies decem. Conceptus autem post solstitium
« æstivum degeneres et inutiles fiunt. Admissionis temporis
« equus a laboribus ferias agat. Salire autem non sæpe in
« die ipsum oportet, verum bis solummodo, mane et vespere.
« Si semel incensa equa marem non admiserit, post dies de-
« cem ipsi rursus adducatur. Si vero neque sic admiserit,

saillies dans une même journée, mais deux seulement, une le matin et l'autre le soir.

« Si, une fois en chaleur, une jument n'a pu se faire couvrir, on la ramènera au bout de dix jours à l'étalon ; si elle ne retient pas alors, on devra la mettre de côté comme devenue impropre à la reproduction. Lorsque la conception est assurée, on doit veiller à ce que les sexes ne restent pas mêlés plus qu'il n'est nécessaire, et à ce que les poulinières ne séjournent pas dans des lieux froids, car le froid est contraire aux juments pleines.

« On rend les étalons plus ardents, en leur frottant les narines avec la liqueur prise dans les parties génitales de la jument.

« On reconnaîtra le mérite futur d'un poulain, soit d'après ses qualités morales, soit d'après ses

« segreganda est, ut quæ non jam concepit. Quam autem
« conceperint, curandum est ut ne plus justo misceantur, ne-
« que frigidis requiescant locis. Contrarium est enim præg-
« nantibus frigus. At vero mares alacres ad venerem facie-
« mus, si detersa equæ natura ipsi nares illeverimus.

« Pullum generosum futurum sic cognoscemus, tum ex ani-
« malibus, tum ex corporeis virtutibus. Velut exempli gratia
« ex corporis virtutibus, caput habet parvum, oculos nigros,
« nares non collapsas, aures breves, collum tenerum, jubam
« profundam, paulo crispiorem, ad dextram cervicis partem
« reclinatam, pectus latum et plenum, humeros magnos,
« brachia recta, alvum justæ molis, testes longos, spinam
« maxime quidem duplicem, sin minus gibbosam, caudam
« magnam pilis densam ac crispam, crura recta, femora mu-
« sculis plena, ungulam probe expletam ac circumscriptam,
« et undique æqualiter compactam, renunculum parvum,

qualités physiques corporelles. Par exemple, s'il a la tête petite, les yeux noirs, les narines relevées, les oreilles courtes, l'encolure tendre, la crinière longue et un peu crépue, penchée vers le côté droit du col, la poitrine large et pleine, les épaules grandes, les bras droits, le ventre de grosseur moyenne, les testicules longs, l'épine dorsale bien doublée sans être bossue, la queue longue et bien garnie de crins souples, les jambes droites, les cuisses remplies par les organes de son sexe ; le sabot bien développé, bien délimité, également compacte dans toutes ses parties, la fourchette peu développée, la corne ferme : toutes ces qualités dénotent un poulain capable de faire un bon et fort cheval.

« Quant aux qualités morales, pour en juger, on s'assurera s'il n'est pas craintif et poltron ; s'il ne s'effraye pas des objets qui s'offrent subitement à sa vue ; si, dans la troupe des poulains, il apparaît

« unguem solidum. Ex his omnibus manifestus fit pullus in
« bonum ac magnum equum evasurus.

« Ab animalibus porro virtutibus sic experimentum sumere
« oportet. Si non fuerit pavidus et consternatus, neque ab
« apparentibus derepente perterreatur, et in grege pullorum
« primum apparuerit non cedens, sed expellens proximum,
« et in fluminibus ac stagnis non expectans ut alius prior in-
« scendat, sed ipse intrepide primus hoc faciat.

« Mansuefaciendi autem sunt pulli decem et octo mensibus
« impletis, capistraque ipsis circumponenda, frenumque ad
« præsepe suspendendum, ut ejus contactui assuescant, et
« non revereantur postomidum strepitum.

« Ubi autem trium annorum est, dometur antequam ven-
« trosus fiat. » (Lib. XVI, cap. i.)

le premier, non pas entraîné par ceux qui le suivent, mais en poussant ceux qui le précèdent; si, lorsqu'il s'agit de traverser une rivière ou un étang, il entre bravement le premier, au lieu d'attendre qu'un autre y pénètre avant lui.

« On doit apprivoiser les poulains à dix-huit mois, et leur appliquer le licol; on doit également suspendre le frein à leur crèche, afin qu'ils s'habituent à son contact et qu'ils ne craignent pas le bruit des chaînettes.

« Dès que le poulain aura trois ans, on devra le dompter et le dresser avant qu'il n'ait pris un trop grand développement. »

Nous avons été à même de reconnaître, dans les chapitres précédents de ces études, que l'espèce ovine, chez les Romains, n'était pas l'objet de moins de soins que les autres espèces d'animaux constituant, par leur ensemble, le bétail d'une bonne exploitation agricole. Quelques fragments vont nous donner une idée des pratiques relatives à l'élevage des moutons à cette époque.

« Deux mois avant la monte, dit Cassius Dionysius [1], les béliers doivent être retirés du troupeau,

---

[1] *De admissura et partu ovium.*

« Arietes duobus mensibus ante admissuram separandi
« sunt, eisque largius pabulum exhibendum. Ubi vero vires
« et facultatem sufficientem collegerint, ad feminas dimittendi.
« Ætas arietum utilis ad initum, ab annis duobus usque ad
« octo. Similiter et in feminis. Nosse autem operæ pretium

et recevoir une nourriture plus abondante. Lorsqu'on les jugera pleins de vigueur et suffisamment préparés, on les mêlera avec les brebis. L'âge convenable pour la monte, chez les béliers, commence à deux ans et finit à huit. Il en est de même pour les brebis. Il est bon de savoir, toutefois, que les béliers poursuivent de préférence les brebis d'âge, parce qu'elles se prêtent plus facilement et plus vite à la saillie ; les antenaises ne sont saillies qu'après. Mais il faut éviter cette saillie tardive, parce qu'elle offre des inconvénients.

« Certains éleveurs, pour avoir en tout temps des agneaux et du lait, combinent diversement les époques de monte pendant les diverses saisons de l'année......

« On donne aux béliers de la vigueur pour la

« est, quod arietes magis oves veteres persequuntur, ut quæ
« facilius citiusque ineantur, deinde etiam novellas. At vero
« tardius iniri non oportet. Est enim nocivum.

« Quidam quo per omnem fere agnos ac lac habeant, tem-
« pus admissuræ diversimode in singula anni tempora dispo-
« nunt....

« Validi autem ad initum fiunt arietes, si sæpe ipsis in
« pabulo ammisceatur et multifera herba polygonos ap-
« pellata, unde etiam reliqua pecora ad coitum excitantur

« Recens natæ oviculæ ubi lacte impletæ sunt, seorsim ha-
« bendæ sunt. Si enim simul cum nutricibus stabulentur,
« conculcantur. Lac usque ad duos menses non emulgeatur,
« quanquam præstiterit id nunquam emulgeri. Habiliores
« enim agni evadent. Oviculas ex primiparis natas abalie-
« nare oportet, velut ineptas ad diuturnitatem. » (Lib. XVIII,
cap. III.)

monte, en mêlant souvent à leurs aliments de l'herbe prolifique appelée le *polygonos* [1], qui augmente aussi chez les autres animaux l'ardeur pour la saillie......

« Les très-jeunes agneaux, lorsqu'ils ont tété à discrétion, doivent être séparés du troupeau ; car ils sont foulés aux pieds lorsqu'ils restent avec leurs mères dans la bergerie. On attendra, pour traire les brebis, que leurs agneaux aient au moins deux mois ; il serait même préférable de ne jamais les traire pendant l'allaitement : les agneaux seraient plus robustes.

« Les agneaux des brebis primipares doivent être vendus comme incapables de bonne conservation. »

Enfin nous terminerons cette partie de nos études par quelques lignes empruntées à Palladius sur le même sujet.

« Ayez soin, dit-il [2], que votre troupeau ait du fourrage en abondance, et faites-le paître loin des buissons qui, en le dépouillant d'une partie de sa laine, lui déchirent le corps.....

« Faites couvrir vos brebis au mois de juillet, afin que leurs agneaux se fortifient avant l'hiver.

---

[1] Cette plante ne serait-elle pas le *polygonum aviculare*, ou herbe de fer, que l'on s'accorde à considérer comme un tonique puissant.

[2] « Providendum est ut pabuli ubertate saturetur, et longe

« Vendez en automne vos animaux débiles, de peur que la froide saison ne les emporte.

« Quelques éleveurs, deux mois avant l'époque de l'accouplement, empêchent les béliers de saillir, afin d'exciter leur ardeur en différant le moment de la saillie. D'autres les laissent à leur gré s'approcher des brebis, pour en obtenir des produits pendant toute l'année. »

« pascat a sentibus qui lanam minuunt et corpus inci-
« dunt....
« Admittendi sunt mense julio arietes, ut nati ante hiemem
« convalescant.
« Autumno debiles quæque pretio mutentur, ne eas imbe-
« cilles hibernum frigus absumat.
« Aliqui duobus ante mensibus arietes a coïtu revocant, ut
« facem libidinis augeat dilatio voluptatis. Quidam coire sine
« discretione permittunt, ut hoc eis genere per totum annum
« fœtura non desit. » (Lib. VIII (julius), cap. IV.)

SIXIÈME PARTIE.

Volailles. — Volières.

Les Romains entretenaient, soit pour l'ornement de leurs villas, soit pour le luxe de leurs tables, et c'était le cas le plus ordinaire, une foule d'oiseaux divers qui étaient souvent, pour ceux qui savaient en tirer parti, la source de grands bénéfices.

Certaines volières de la campagne de Rome donnaient autrefois des produits dont on ne se fait généralement pas une idée aujourd'hui, et pour me justifier d'avoir consacré quelques pages à cette partie souvent négligée de l'économie rurale de nos jours, il me suffira de citer un court extrait du dialogue dans lequel Varron met en scène le sénateur Q. Axius, l'augure Appius et Cornélius Mérula.

En parlant d'une métairie appartenant à sa tante maternelle, et qui se trouvait à vingt mille pas de Rome : « Il y a dans cette métairie [1], dit Mérula, « une volière qui a fourni, dans une seule année,

---

[1] « In hac villa qui est ornithon, ex eo uno quinque millia
« scio venisse turdorum denariis ternis, ut *HS* sexaginta
« millia ea pars villæ reddiderit eo anno, bis tantum quum
« tuus fundus ducentorum jugorum Reate reddit. »

« jusqu'à cinq mille *grives*, lesquelles, à trois de-
« niers pièce, ont rapporté, cette même année,
« soixante mille sesterces (environ 12,000 fr.), le
« double du revenu de votre terre de Réate, qui
« pourtant contient deux cents jugères. »

Nous ne donnerons pas ici le détail de toutes les
pratiques suivies pour l'entretien ou l'engraissement de toutes les espèces de volailles ou d'oiseaux
qui figuraient sur les tables somptueuses d'alors ;
nous allons nous borner aux espèces les plus communes, et nos citations suffiront pour donner une
idée du degré d'importance et de perfection des
soins dont ces animaux étaient l'objet.

CHAPITRE PREMIER.

ALIMENTATION ET ENGRAISSEMENT DES POULES.

« La meilleure nourriture que l'on puisse donner
aux poules, dit Columelle [1], est de l'orge écrasée et

---

[1] *De cibariis gallinarum.*

« Cibaria gallinis præbentur optima, pinsitum hordeum et
« vicia, nec minus cicercula, tum etiam milium, aut panicum :
« sed hæc ubi vilitas annonæ permittit ; ubi vero ea est ca-
« rior, excreta tritici minuta commode dantur ; nam per se
« id frumentum, etiam quibus locis vilissimum est, non uti-
« liter præbetur, quia obest avibus. Potest etiam lolium de-
« coctum objici, nec minus furfures modice a farina excreti ;
« qui si nihil habent farris, non sunt idonei, nec tantum ap-

de la vesce ; la cicérole n'est pas moins bonne, non
plus que le millet et le panis ; mais la cherté de ces
graines s'oppose souvent à leur emploi. Quand il en
est ainsi, on les remplace avec avantage par des
menues criblures de blé ; mais, même dans les lo-
calités où cette céréale est à vil prix, il ne faut pas
la donner pure, parce qu'elle est nuisible à la volaille. On peut encore leur donner de l'ivraie cuite,
et du son qui ne soit pas trop dépouillé de sa farine ; car, s'il n'en conserve pas un peu, il ne vaut
rien, et les poules le dédaignent. Les feuilles et les
graines de cytise sont très-convenables pour les
volailles maigres, qui les aiment beaucoup, et il n'y
a pas de pays où cet arbrisseau ne puisse croître
en abondance. Quoique le marc de raisin les nour-
risse assez bien, on ne doit pas leur en donner, à
moins que ce ne soit dans les temps de l'année
où elles ne pondent pas, car il diminuerait le
nombre et le volume de leurs œufs ; mais quand,

« petuntur. Jejunis cytisi folia, seminaque maxime proban-
« tur, ut sunt huic generi gratissima : neque est ulla regio in
« qua non possit hujus arbusculæ copia esse vel maxima.
« Vinacea quamvis tolerabiliter pascant, dari non debent, nisi
« quibus temporibus anni avis fœtus non edit ; nam et partus
« raro, et ova faciunt exigua ; sed quum plane post autum-
« num cessant a fœtu, possunt hoc cibo sustineri. Attamen
« quæcumque dabitur esca per cohortem vagantibus, die in-
« cipiente, et jam in vesperum declinante, bis dividenda est, ut
« et mane non protinus a cubili latius evagentur, et ante
« crepusculum propter cibi spem temporibus ad officinam
« redeant, possitque numerus capitum sæpius recognosci :
« nam volatile pecus facile pastoris custodiam decipit. Siccus

après l'automne, elles cessent tout à fait de pondre, on peut les alimenter avec cette nourriture. Toutefois, quels que soient les aliments qu'on donne aux volailles de la basse-cour, on doit les diviser en deux rations, dont une leur sera offerte au point du jour, et l'autre vers la fin de la journée ; le matin, afin qu'elles ne s'écartent pas trop loin des poulaillers ; le soir, pour que, dans l'espoir de leur souper, elles rentrent à temps dans leur retraite, et qu'on puisse plus souvent s'assurer de leur nombre : car elles mettent facilement en défaut la vigilance de leur gardien. — Il faut déposer de la poussière sèche et de la cendre le long des murs, dans tous les lieux où une galerie ou un toit recouvre une partie de la cour, afin que les poules puissent s'y rouler : car c'est ainsi qu'elles nettoient leur plumage et leurs ailes.......

« ... On doit ouvrir le poulailler aux poules après la première heure du jour, et les y enfermer avant la onzième. Tels sont les soins qu'on doit prendre des volailles vivant en liberté. Ils sont les mêmes pour celles qui sont enfermées, à cela près qu'on

« etiam pulvis et cinis, ubicumque cohortem porticus vel tec-
« tum protegit, juxta parietes, reponendus est, ut sit quo aves
« se perfundant ; nam his rebus plumam pennasque emun-
« dant..........
« .....Gallina post primam emitti, et ante horam diei unde-
« cimam claudi debet : cujus vagæ cultus hic, quem diximus,
« erit : nec tamen alius clausæ, nisi quod ea non emittitur,
« sed intra ornithonem ter die pascitur majore mensura : nam
« singulis capitibus quaterni cyathi diurna cibaria sunt,

ne les laisse pas sortir, et que, dans leur poulailler, on leur distribue trois fois dans la journée
de plus fortes rations. Ainsi on leur donnera
chaque jour quatre cyathes (0$^{lit.}$ 333) de nourriture par tête, tandis que trois et même deux suffisent pour les poules en liberté. Il est nécessaire
que les poules enfermées aient à leur disposition
un vestibule assez étendu, pour qu'elles puissent
s'y promener et s'y chauffer au soleil.......

« ... On ne doit faire ces dépenses et prendre ces
soins que dans les lieux où l'on peut tirer bon
parti de ces volailles. »

En parlant de la ponte, dans le chapitre suivant,
il ajoute :

« ... On peut [1], par une nourriture convenable,
provoquer leur fécondité, afin d'obtenir plus tôt
leurs œufs. Pour arriver à ce but, on leur donne
avec beaucoup d'avantage, à discrétion, de l'orge

« quum vagis terni, vel bini præbeantur. Habere etiam clau-
« sum oportet amplum vestibulum, quo prodeat, et ubi apri-
« cetur.... Quas impensas et curas, nisi locis quibus harum
« rerum vigent pretia non expedit adhiberi. » (Lib. VIII,
cap. v.)

[1] « ....Cibis idoneis fecunditas earum elicienda est, quo ma-
« turius partum edant. Optime præbetur ad satietatem hor-
« deum semicoctum : nam et majus facit ovorum incremen-
« tum, et frequentiores partus ; sed is cibus quasi condiendus
« est interjectis cytisi foliis ac semine ejusdem, quæ utraque
« maxime putantur augere fecunditatem avium. Modus autem
« cibariorum sit, ut dixi, vagis binorum cyathorum hordei ;
« aliquid tamen admiscendum erit cytisi, vel, si non id
« fuerit, viciæ aut milii. » (Lib. VIII, cap. v.)

demi-cuite ; cette céréale augmente le volume des
œufs et en rend la production plus fréquente ; mais
il faut l'assaisonner, pour ainsi dire, de feuilles et
de graines de cytise, qui, les unes et les autres,
passent pour augmenter la fécondité des oiseaux.
La ration, pour les poules en liberté, sera, comme
je l'ai déjà dit, de deux cyathes d'orge, auxquels
on mêlera toutefois un peu de cytise, ou bien, à
défaut de cytise, de la vesce ou du millet. »

Engraissement des volailles.

C'est à Varron et à Columelle que nous emprun-
tons la description des pratiques suivies de leur
temps, et il sera facile de voir qu'on en savait
déjà bien long alors dans l'art de la gourman-
dise.

« On les enferme, dit Varron, dans un endroit
chaud, étroit et obscur, parce que le mouvement
et la lumière nuisent à l'engraissement [1]. » Après
avoir indiqué les races les plus propres à la réus-
site de l'opération il ajoute [2] :

« On choisit toutes les plus volumineuses, et
après leur avoir arraché les plus grandes plumes

[1] « Eas includunt in locum tepidum et angustam, et tene-
brosum, quod motus earum et lux pinguitudini inimica.....

[2] « Amplas omnes ex his, evulsis ex alis pennis, et cauda, farciunt turundis hordeaceis partim admixtis ex farina loliacea,
aut semine lini ex aqua dulci. Bis die cibum dant, obser-
vantes, ex quibusdam signis, ut prior sit concoctus, quum

des ailes et de la queue, on les gave avec des boulettes de farine d'orge mêlée de farine d'ivraie ou
de farine de graine de lin pétrie dans l'eau douce.
On leur en donne deux fois par jour ; mais on
s'assure, par certains indices, que le premier repas est digéré, avant de faire prendre le second.
Quand elles ont mangé, et qu'on a débarrassé leur
tête des poux qu'elles peuvent avoir, on les enferme de nouveau. Ce régime dure vingt-cinq jours ;
alors elles sont parfaitement grasses. Certaines
personnes les engraissent avec du pain de froment
émietté dans un mélange d'eau et de bon vin d'un
goût agréable ; on parvient ainsi, en vingt jours, à
les rendre grasses et tendres. Si, pendant l'engraissement, elles se dégoûtent par excès de nourriture, on diminue celle-ci par degrés, de manière à suivre, pendant les dix derniers jours, mais
en sens inverse, la même proportion qu'on a suivie
en augmentant pour les dix premiers, et à finir
comme on a commencé.

« secundum dent. Dato cibo, tum perpurgant caput, ne quos
« habeant pedes, et rursus eas concludunt. Hoc faciunt usque
« ad dies viginti quinque ; tunc denique pingues fiunt. Qui-
« dam ex triticeo pane intrito in aquam, mixto vino bono et
« odorato farciunt, ita ut diebus viginti pingues reddant ac
« teneras. Si in farciendo nimio cibo fastidiunt, remittendum
« in datione pro portione, sic ut decem primis processit, in
« posterioribus, ut diminuat eadem ratione, ut vigesimus dies
« et primus sit par.

« Eodem modo palumbes farciunt et reddunt pingues. »
(Lib. III, cap. IX.)

« On gave et on engraisse les pigeons de la
même manière. »

Écoutons maintenant Columelle, qui, sur ce
point, comme sur beaucoup d'autres, a toujours le
grand mérite d'être clair, net et précis dans les indications qu'il fournit [1] :

« Quoique l'engraissement des poules soit plutôt
l'affaire d'un engraisseur que celle d'un fermier,
cependant, comme c'est une chose facile, j'ai cru
devoir dire ici comment il faut opérer. Pour obtenir de bons résultats, il est surtout important
d'avoir un emplacement chaud, peu éclairé, dans
lequel chaque volaille sera enfermée, soit dans une
petite cage, soit dans un panier suspendu, où elle
sera tellement resserrée qu'elle ne puisse s'y retourner. — Les poules y trouveront, toutefois, une
ouverture à chaque bout, de manière qu'elles puissent passer la tête par l'une d'elles, et la queue
ainsi que le derrière par l'autre, afin de pouvoir
prendre leur nourriture, et rendre leurs excréments

[1]   *De gallinis farciendis.*

« Pinguem facere gallinam, quamvis fartoris, non rustici
« sit officium, tamen, quia non ægre contingit, præcipiendum
« putavi. Locus ad hanc rem desideratur calidus maxime, et
« minimi luminis, in quo singulæ caveis angustioribus, vel
« sportis inclusæ pendeant aves, sed ita coarctatæ, ne versari
« possint. Verum habeant ex utraque parte foramina ; unum,
« quo caput exseratur, alterum, quo cauda clunesque ; ut et
« cibos capere possint, et eos digestos sic edere, ne stercore
« coinquinentur. Substernatur autem mundissima palea, vel
« molle fœnum, id est cordum : nam si dure cubant, non

sans être salies. On leur fait une litière de paille
très-propre ou de foin très-moelleux, c'est-à-dire
de regain : car, si elles sont couchées durement,
elles ont de la peine à s'engraisser. Il faut leur
arracher toutes le plumes de la tête, du dessous
des ailes et du derrière : les premières, pour qu'il
ne s'y engendre pas de poux, les dernières de peur
que les excréments, en s'y attachant, n'y fassent
naître des ulcérations. Leur nourriture consiste en
farine d'orge pétrie dans de l'eau, dont on fait des
boulettes qui servent à les gaver. Les premiers
jours, la ration sera peu considérable, jusqu'à ce
qu'elles soient accoutumées à en digérer une plus
forte : car il faut surtout prévenir les indigestions,
et ne donner que ce qui peut être élaboré par leur
estomac, et seulement lorsqu'on se sera assuré, en
leur tâtant le jabot, qu'il n'y reste plus rien du repas précédent. Ensuite, quand l'oiseau est rassasié,
on descend sa cage pour le laisser un peu sortir,
non pour qu'il courre au dehors, mais pour qu'il

« facile pinguescunt. Pluma omnis e capite, et sub alis atque
« clunibus detergetur : illic, ne pediculum creet; hic ne ster-
« core loca naturalia exulceret. Cibus autem præbetur hor-
« deacea farina, quæ quum est aqua conspersa et subacta, for-
« mantur offæ, quibus aves saginantur ; eæ tamen primis die-
« bus dari parcius debent, dum plus concoquere consuescant;
« nam cruditas vitanda est maxime, tantumque præbendum,
« quantum digerere possint : neque ante recens admovenda
« est, quam tentato gutture apparuerit nihil veteris escæ re-
« mansisse. Quum deinde satiata est avis, paululum deposita

puisse s'éplucher avec son bec et se débarrasser des insectes qui le piquent ou le mordent.

« Telle est à peu près la méthode communément suivie par les engraisseurs. Quant aux personnes qui veulent non-seulement engraisser leurs volailles, mais encore les rendre tendres, elles détrempent la farine d'orge dont nous avons parlé avec de l'eau fraîchement *miellée*, et les gorgent avec ce mélange. Il y a des gens qui engraissent leurs poules en leur donnant du pain de froment trempé dans un mélange de trois parties d'eau et d'une de bon vin. Soumises à ce régime le premier jour de la lune, elles seront parfaitement grasses après le vingtième. Si elles viennent à prendre en dégoût leur nourriture, il faudra en diminuer la ration pendant autant de jours qu'il s'en est écoulé depuis qu'elles sont à l'engrais ; de manière, toutefois, que la durée de l'engraissement ne dépasse pas vingt-cinq jours. Il est, du reste, de principe que les plus grosses volailles doivent être destinées

« cavea dimittitur, sed ita ne vagetur, sed potius, si quid est
« quod eam stimulet aut mordeat, rostro persequatur.
« Hæc fere communis est cura farcientium ; nam illi, qui
« volunt non solum opimas, sed etiam teneras aves efficere,
« mulsea recente aqua prædicti generis farinam conspergunt,
« et ita farciunt. Nonnulli tribus aquæ partibus unam boni
« vini miscent, madefactoque tritico pane obesant avem. Quæ
« prima luna saginari cœpta, vicesima pergliscit. Sed si fa-
« stidiet cibum, totidem diebus minuere oportebit, quot jam
« farturæ processerint, ita tamen ne tempus omne opimandi
« quintam et vicesimam lunam superveniat. Antiquissimum

aux tables somptueuses : par ce moyen, le prix qu'on en retirera sera en rapport avec la peine et la dépense qu'elles auront occasionnées. »

CHAPITRE II.

OISEAUX DIVERS : GRIVES, MERLES, PIGEONS,
TOURTERELLES, ETC.

« Construisez[1], fait dire Varron à Mérula, une grande coupole (sorte de péristyle couvert de toiles ou de filets), qui puisse contenir quelques milliers de grives et de merles ; on y ajoute quelquefois d'autres oiseaux qui, gras, se vendent bien, comme des ortolans ou des cailles. On y conduit, à l'aide d'un tuyau, de l'eau qu'il vaut mieux faire arriver dans de petits canaux qu'on puisse facilemedt nettoyer, que de lui laisser occuper une large surface ; car alors elle est plus vite salie et devient une boisson insalubre, Il faut ménager une décharge pour l'eau surabondante, afin d'éviter la formation de la boue

« est, autem, maximam quamque avem lautioribus epulis
« destinare ; sic enim digna merces sequitur operam et im-
« pensam. » (Lib. VIII, cap. vii.)

[1] « Testudo (ut peristylum tectum tegulis, aut rete) sit ma-
« gna, in qua millia aliquot turdorum ac merularum includere
« possint. Quidam adjiciunt præterea aves alias quoque, quæ
« pingues veneunt care, ut miliariæ ac coturnices. In
« hoc tectum aquam venire oportet per fistulam, et eam
« potius per canales angustas serpere, quæ facile extergi

qui incommoderait les oiseaux. La porte doit être basse, étroite, et du genre de celles qu'on nomme trappes (cochleas), dans les amphithéâtres destinés aux combats de taureaux. Que les fenêtres soient peu nombreuses, afin que les captifs ne puissent apercevoir ni arbres ni oiseaux dont la vue les ferait maigrir par le désir d'aller les rejoindre. On ne doit donc leur laisser que ce qu'il leur faut de lumière pour qu'ils reconnaissent où ils doivent se percher et trouver leur boire et leur manger. Le pourtour des portes et des fenêtres doit être recouvert d'un enduit bien poli afin que les rats n'y puissent entrer, ni aucun autre animal. A l'intérieur, on garnira le pourtour de la muraille d'un grand nombre de perchoirs où les oiseaux puissent se poser ; on ajustera en outre, sur des perches inclinées depuis le sol jusqu'aux murs, d'autres perches transversales disposées en gradins rapprochés, à la manière des balustrades des théâtres. Au bas se trouvent l'eau qu'on leur donne à boire, ainsi que leur nourriture,

« possint. Si enim late it aqua diffusa, et inquinatur
« facilius, et bibitur inutilius, et ex eis caduca, quæ
« abundat, et exit per fistulam, facit ut luto aves laborent.
« Ostium habere humile et angustum, et potissimum ejus
« generis, quod cochleam appellant, ut solet esse in cavea in
« qua tauri pugnare solent. Fenestras raras, per quas non vi-
« deantur extrinsecus arbores, aut aves, quod earum aspectus
« ac desiderium macrescere facit volucres inclusas. Tantum
« luminis habere oportet, ut aves videre possint ubi assidant,
« ubi cibus, ubi aqua sit. Tectorio tecta esse levi circum ostia
« ac fenestras, ne qua intrare mus, aliave quæ bestia possit
« Circum hujus ædificii parietes intrinsecus multos esse pa-

sorte de pâtée faite principalement de figues et de farine commune. Vingt jours avant d'en tirer les grives, on leur donne une nourriture plus abondante, plus d'eau, et on commence à faire entrer dans leurs aliments de la farine de meilleure qualité. Il doit y avoir dans la volière quelques tablettes faisant suite aux perchoirs, dont elles forment en quelque sorte le complément.

« Près de cette volière, il s'en trouve une plus petite, dans laquelle celui qui soigne les oiseaux dépose les morts de la grande, afin de pouvoir en rendre un compte exact à son maître.

Pour tirer de la volière, quand on en a besoin, les oiseaux qui sont en état convenable, on les fait sortir dans une toute petite volière communiquant avec la grande par une porte, beaucoup plus vivement éclairée, et qu'on appelle un séparateur (*seclusorium*). Lorsqu'on y a mis à part le nombre d'oiseaux voulu,

---

« los, ubi aves assidere possint. Præterea et perticas incli-
« natas ex humo ad parietem, et in eis transversas alias gra-
« datim modicis intervallis annexas ad speciem cancellarum
« scenicorum ac theatri. Deorsum in terram esse aquam,
« quam bibere possint. Cibatui offas positas, eæ maxime glo-
« merantur ex ficis et farre misto. Diebus viginti antequam
« quis tollere velit turdos, largius dat cibum, et aquæ plus
« ponit, et farre subtiliore incipit alere. In hoc tecto caveaque
« tabulata habeant aliquot ad perticæ supplementum.

« Contra hoc aviarium est aliud minus, in quo quæ mortuæ
« ibi sunt aves, ut domino numerum reddat, curator servare
« solet. Quum opus sunt ex hoc aviario ut sumantur idoneæ,
« excluduntur in minusculum aviarium, quod est conjunctum
« cum majore ostio, et lumine illustriore, quod seclusorium

on les tue. Si l'on commence d'abord par les séparer ainsi pour les tuer hors de la vue de ceux qui restent, c'est pour éviter à ces derniers un spectacle qui pourrait les faire mourir de chagrin dans un temps peu convenable et au détriment du vendeur.....

« Placez donc, ajoute un des interlocuteurs de Mérula, cinq mille grives dans une volière, et vienne un repas public ou un triomphe, et vous en tirerez les soixante mille sesterces que vous désirez. »

Si nous ne donnons pas ici d'aussi longs détails sur les pigeons, ce n'est pas parce que les Romains en faisaient moins de cas que des autres oiseaux sur l'éducation ou l'engraissement desquels nous nous sommes plus longuement arrêté ; trop de faits nous donneraient d'éclatants démentis, puisque L. Axius, chevalier romain, vendait ses pigeons, avant la guerre civile de Pompée, quatre cents deniers la paire, soit environ 310 francs. Aussi est-ce avec une sorte de honte que Columelle cite les prix fabuleux auxquels ces oiseaux se vendaient de son temps.

« Varron nous affirme, dit-il [1], que même dans son temps de mœurs plus sévères, on payait commu-

---

« appellant. Ibi cum eum numerum habet exclusum, quem
« sumere vult, omnes occidit. Hoc ideo in seclusorio clam, ne
« reliqui, si videant, despondeant animum , atque alieno
« tempore venditori moriantur . . . .
« Si quinque millia hic conjeceris, et erit epulum, ac
« triumphus, sexaginta millia quæ vis statim in fœnus des
« licebit. » (Lib. III, cap. II.)

[1] « Varro nobis affirmat, etiam illis severioribus suis tem-
« poribus paria singula millibus 'singulis sestertiorum solita

nément une paire de pigeons mille sesterces (environ
194 fr.); tandis que de notre temps, j'ai honte de le
répéter, s'il faut en croire ce qui se dit, on trouve
des gens qui paient deux oiseaux quatre mille sesterces (environ 796 fr.). »

Nous terminerons cette revue par les chapitres
consacrés par Columelle à l'engraissement des tourterelles et des grives.

Engraissement des tourterelles.

« Il n'est pas nécessaire [1], dit-il, d'élever des
tourterelles, parce que ces oiseaux ne pondent et ne
couvent guère dans les volières. On ne destine à
l'engraissement que celles que l'on prend au vol, et
elles demandent, pour cela, beaucoup moins de soins
que les autres oiseaux. Toutes les saisons pourtant
ne sont pas également favorales : dans l'hiver, quelque peine qu'on se donne, on ne parvient que difficilement à les engraisser ; et pourtant c'est l'époque
où elles sont à plus bas prix, parce qu'alors les

« venire ; nunc nostri pudet sæculi, si credere volumus, in-
« veniri, qui quaternis millibus nummorum binas aves mer-
« centur. » (Lib. VIII, cap. VII, *passim*.)

[1]   *De alendis turturibus.*
« Turturum educatio supervacua est, quoniam id genus in
« ornithone nec parit, nec excludit. A volatura ita ut capitur,
« farturæ destinatur, eoque leviore cura, quam ceteræ aves,
« saginatur : verum non omnibus temporibus. Per hiemem,
« quamvis adhibeatur opera, difficulter gliscit, et tamen, quia
« major est turdæ copia, pretium turturum minuitur. Rursus

grives sont en grande abondance. Dans l'été, au
contraire, les tourterelles s'engraissent d'elles-
mêmes, pourvu qu'elles ne manquent pas de nourriture, et surtout de millet. Non pas que le froment
et les autres céréales les engraissent moins bien,
mais parce que le millet est plus de leur goût. Au
reste, en hiver, on arrive plus facilement à ce résultat, comme aussi pour les ramiers, en leur donnant,
préférablement à toute autre nourriture, des boulettes de pain trempées dans du vin. On ne leur fait
pas, comme aux pigeons, des boulins qui leur servent de retraite, ni des cellules creusées dans le
mur, mais on dispose pour elles, sur une rangée
de corbeaux fixées dans la muraille, de petites
nattes de chanvre sur lesquelles on tend un filet
pour les empêcher de voler ; ce qu'elles ne feraient
qu'aux dépens de leur embonpoint. Là, on les nourrit continuellement de millet ou de froment, qu'il
ne faut leur donner que secs. Un demi-modius

« æstate vel sua sponte, dummodo sit facultas cibi, pingue-
« scit ; nihil enim aliud, quam objicitur esca, sed præcipue
« milium : nec quia tritico vel aliis frumentis minus coale-
« scant ; verum quod semine hujus maxime delectantur. Hie-
« me tamen offæ panis vino madefactæ, sicut etiam palumbas,
« celerius opimant, quam ceteri cibi. Receptacula non tan-
« quam columbis, loculamenta, vel cellulæ cavatæ efficiuntur,
« sed ad lineam mutuli per parietem defixi, tegeticulas can-
« nabicas accipiunt, prætentis retibus, quibus prohibeantur
« volare : quoniam si id faciant, corpori detrahunt. In his
« autem assidue pascuntur millo, aut tritico, sed ea semina
« dari, nisi sicca, non oportet ; satiatque semodius cibi in
« diebus singulis vicenos et centenos turtures. Aqua semper

(environ 5^{lit}) de ces grains suffit, par jour, pour rassasier cent vingt tourterelles. On leur donne toujours de l'eau fraîche et très-propre dans de petits vases semblables à ceux dont on se sert pour les pigeons et pour les poules. On nettoie leurs petites nattes, pour que leurs pattes ne soient pas échauffées dans la fiente, qu'on doit, du reste, conserver avec soin, ainsi que celle de tous les autres oiseaux, pour la culture des champs et pour les arbres. Les vieilles tourterelles s'engraissent moins bien que les jeunes. C'est pourquoi, lorsque les nouvelles couvées ont déjà acquis de la force, on les prend à l'époque de la moisson.

Education et engraissement des grives.

« Les grives[1] exigent plus de soins et de dépenses que les tourterelles. On peut les nourrir dans toutes les campagnes, mais plus avantageusement dans le lieu où elles ont été prises, parce qu'elles souffrent difficilement qu'on les transporte dans un

« recens, et quam mundissima, vasculis qualibus columbis
« atque gallinis, præbetur; tegeticulæque mundantur, ne ster-
« cus urat pedes, quod tamen et idipsum diligenter reponi
« debet ad cultus agrorum arborumque, sicut et omnium
« avium. Hujus avis ætas ad saginam non tam vetus est
« idonea, quam novella. Itaque circa messem, quum jam
« confirmata est pullities, eligitur. » (Lib. VIII, cap. IX.)

[1] *De turdis educandis.*

« Turdis major opera et impensa præbetur, qui omni qui-
« dem rure, sed salubrius in eo pascuntur, in quo capti sunt:

autre pays, car la plupart de celles qu'on renferme
alors dans des cages y dépérissent ; c'est aussi ce
qui arrive à celles qu'on fait passer instantanément
du filet dans la volière. Pour éviter cet inconvénient, on leur donnera pour compagnes quelques
anciennes grives élevées par les oiseleurs, à l'effet
de servir comme d'appeaux aux nouvelles captives,
et d'adoucir leur tristesse en voltigeant au milieu
d'elles. De cette manière, à l'imitation des grives
apprivoisées, les grives sauvages s'accoutumeront
insensiblement à chercher l'eau et la nourriture.
Ces oiseaux, comme les pigeons, désirent un lieu
sûr et exposé au soleil ; là, on adaptera dans les
parois opposées des murs, que l'on perce à cet effet,
des perches transversales sur lesquelles elles se ju-
cheront quand, rassasiées de nourriture, elles vou-
dront se reposer. Ces perches ne doivent pas être
élevées, au-dessus du sol, à une hauteur plus grande
que celle à laquelle un homme debout peut attein-

« nam difficulter in aliam regionem transferuntur, quia ca-
« veis clausi plurimi despondent : quod faciunt etiam, quum
« eodem momento temporis a rete in avaria conjecti sunt ;
« itaque, ne id accidat, veterani debent intermisceri, qui ab
« aucupibus in hunc usum nutriti, quasi allectores sint cap-
« tivorum, mœstitiamque eorum mitigent intervolando : sic
« enim consuescent et aquam et cibos appetere feri, si man-
« suetos id facere viderint. Locum æque minutum et apricum,
« quam columbi , desiderant : sed in eo transversæ perticæ per-
« foratis parietibus adversis aptantur, quibus insideant, quum
« satiati cibo requiescere volunt. Eæ perticæ non altius a
« terra debent sublevari, quam hominis statura patiatur, ut
« a stante contingi possint. Cibi ponuntur fere partibus his

dre. On place leur nourriture vers les parties de la volière qui ne se trouvent pas sous les perchoirs, afin qu'elle se maintienne plus propre. On doit toujours leur donner des figues sèches, soigneusement écrasées et mêlées de farine de blé, et en assez grande quantité pour qu'il en reste. Quelques personnes mâchent ces figues et les leur présentent en cet état ; mais cette méthode n'est guère praticable quand on a beaucoup de grives, parce que le salaire des gens qu'on emploie à mâcher n'est pas bon marché, et qu'ils mangent une partie de ces fruits, qui plaisent par leur saveur. Beaucoup de personnes pensent que, pour prévenir le dégoût chez les grives, il est bon de varier leur nourriture, Ainsi on leur offre des graines de myrte et de lentisque, des fruits d'olivier sauvage, des baies de lierre et aussi des arbouses. En effet, les grives recherchent dans les champs ces aliments, bien propres aussi, dans les oiselleries, à vaincre leur dé-

« ornithonis, quæ super se perticas non habent, quo mun-
« diores permaneant ; semper autem arida ficus, diligenter
« pinsita et permixta polline, præberi debet, tam large qui-
« dem, ut supersit. Hanc quidem mandunt, et ita objiciunt ;
« sed istud in majore numero facere vix expedit, quia nec
« parvo conducuntur, qui mandunt, et ab iis ipsis aliquan-
« tum propter jucunditatem consumitur. Multi varietatem ci-
« borum, ne unum fastidiant, præbendam putant : ea est,
« quum objiciuntur myrti et lentisci semina ; item oleastri,
« et hederacæ baccæ, nec minus arbuti : fere enim etiam in
« agris ab ejusmodi volucribus hæc appetuntur, quæ in avia-
« riis quoque desidentium deterget fastidia, faciuntque avi-
« diorem volaturam, quod maxime expedit : nam largiore cibo
« celerius pinguescit. Semper tamen etiam canaliculi milio

goût et même à exciter leur appétit : c'est un grand
avantage, car plus elles mangent, plus vite elles
engraissent [1]. En même temps on tient toujours
près d'elles des augets remplis de millet, qui est
leur aliment le plus confortable ; car on ne leur
donne les fruits dont nous avons parlé que comme
un mets d'assaisonnement. Les vases dans lesquels
on leur fournit une eau fraîche et propre ne diffèrent pas de ceux de poulailler.

« Marcus-Terentius Varron assure que, du temps
de ses aïeux, chacun de ces oiseaux, nourris comme
nous venons de le prescrire, fut souvent vendu
trois deniers (environ 2 francs 40 centimes), quand
les triomphateurs voulaient donner un repas au
peuple. Maintenant, le luxe de notre époque a
rendu ce prix fort commun, aussi est-ce un revenu
que les campagnards eux-mêmes ne doivent pas
dédaigner. »

En terminant ces extraits, beaucoup trop incom-

« repleti apponuntur, quæ est firmissima esca : nam illa,
« quæ supra diximus, pulmentariorum vice dantur. Vasa,
« quibus recens et munda præbeatur aqua, non dissimilia
« sint gallinariis.

« Hæc impensa curaque M. Terentius ternis sæpe denariis
« singulos emptitatos esse significat avorum temporibus,
« quibus qui triumphabant, populo dabant epulum. At nunc
« ætatis nostræ luxuries quotidiana fecit hæc pretia : propter
« quæ ne rusticis quidem contemnendus sit hic reditus. »
(Lib. VIII, cap. x.)

[1] Columelle aurait encore pu ajouter les baies de genièvre,
dont la grive est très-friande, et qui parfume agréablement sa
chair. On leur attribue la délicatesse exquise de la grive des
Apennins, surtout aux environs de Spolète, où abondent à la

plets, des agronomes latins, je ne saurais me dissi-
muler les imperfections nombreuses de mon travail ; mais je prie mes lecteurs de vouloir bien se
rappeler qu'en mettant ici sous leurs yeux quelques
fragments des ouvrages agronomiques de Caton, de
Varron, de Cassius Dionysius, de Columelle, de
Pline et de Palladius, je n'avais d'autre but que
celui de leur inspirer le désir de remonter eux-
mêmes aux sources originales. Ils reconnaîtront
ainsi qu'on peut toujours dire, même de nos jours,
comme au temps de Columelle : « *Quelles que*
« *soient les différences entre les temps anciens*
« *et l'époque actuelle, par rapport aux préceptes*
« *d'agriculture et à leur application, cette con-*
« *sidération ne doit pas éloigner de leur étude*
« *celui qui veut s'instruire ; car nous trouverons*
« *chez les anciens beaucoup plus de choses à*
« *approuver qu'à réfuter* [1]. »

fois et ces oiseaux, et un genèvrier de grande espèce, dont la
baie a presque la couleur et la grosseur d'une petite cerise.
Il se fait encore, de notre temps, beaucoup d'envois de cette
grive à Rome en hiver.

[1] « Quæcumque sint quæ propter disciplinam ruris nostro-
« rum temporum cum priscis discrepant, non deterrere debent
« a lectione discentem ; nam multo plura reperiuntur apud
« veteres quæ nobis probanda sint, quam quæ repudianda. »
« (Columella, *de Re rustica.*)

TABLE DES MATIÈRES

Caen. — Imprimerie E. Poisson.

Caen — Imp. E. Poisson